Bewegung im Raum – Raum in Bewegung

Stadt und Region als Handlungsfeld
Herausgegeben vom Kompetenzzentrum für Raumforschung
und Regionalentwicklung in der Region Hannover

Band 6

PETER LANG
Frankfurt am Main · Berlin · Bern · Bruxelles · New York · Oxford · Wien

Bernhard Friedrich (Hrsg.)

Bewegung im Raum – Raum in Bewegung

PETER LANG
Internationaler Verlag der Wissenschaften

Bibliografische Information der Deutschen Nationalbibliothek
Die Deutsche Nationalbibliothek verzeichnet diese Publikation
in der Deutschen Nationalbibliografie; detaillierte bibliografische
Daten sind im Internet über <http://www.d-nb.de> abrufbar.

ISSN 1610-2444
ISBN 978-3-631-58837-6

© Peter Lang GmbH
Internationaler Verlag der Wissenschaften
Frankfurt am Main 2009
Alle Rechte vorbehalten.

Das Werk einschließlich aller seiner Teile ist urheberrechtlich
geschützt. Jede Verwertung außerhalb der engen Grenzen des
Urheberrechtsgesetzes ist ohne Zustimmung des Verlages
unzulässig und strafbar. Das gilt insbesondere für
Vervielfältigungen, Übersetzungen, Mikroverfilmungen und die
Einspeicherung und Verarbeitung in elektronischen Systemen.

www.peterlang.de

Inhaltsverzeichnis

Vorwort des Herausgebers   1

Dietmar Scholich
Wohin bewegt sich die Regionalplanung? Befunde und Notwendigkeiten   3

Carl-Hans Hauptmeyer
Verkehr im Mittelalter. Das Beispiel Niedersachsen   21

Hartmut Millarg
Zur Bedeutung und Gestaltung von Hauptverkehrsstraßen   47

Bernhard Friedrich
Verkehr und öffentlicher Raum. Stadtraum als Spiegel der Gesellschaft   75

Katja Striefler
Sicher mit Bus & Bahn. Konzept und Praxis in der Region Hannover   87

Dietrich Kraetzschmer
Die Strategische Umweltprüfung in der Regionalplanung – Ziele, Ansätze und erste Erfahrungen   97

Juliane Krause
Mobilität von Kindern und Jugendlichen im öffentlichen Raum   111

Hansjörg Küster
Mobilität aus ökologischer Sicht   137

Vorwort

Raum und Bewegung stehen zueinander in enger Beziehung. So wird Raum aus ruhender Position und aus der Bewegung in unterschiedlicher Weise erfasst und erlebt. Raumstrukturen können einerseits Wegebeziehungen fördern oder behindern, andererseits wirkt sich der Wunsch nach Bewegung auf die Gestaltung des Raumes aus. Für die Planung lösen diese Wechselwirkungen eine Reihe von Fragen aus:

- Wie lassen sich nachhaltige Strukturen für den Raum entwickeln und welchen Einfluss hat die Planung?
- Folgt die Verkehrsplanung der Raumplanung oder umgekehrt?
- Wann verbinden Wege und wann trennen sie?
- Welchen Einfluss hat die Bewegung im Raum auf Natur und Landschaft?
- Welchen Einfluss hat die Gestaltung des (Stadt-) Raumes auf die Aufenthaltsqualität und das soziale Gleichgewicht?

Das Kompetenzzentrum für Raumforschung und Regionalentwicklung in der Region Hannover hat in ihrer Ringvorlesung 2006 diese Fragen aufgegriffen. Der vorliegende Band dokumentiert mit den verschiedenen Beiträgen der Ringvorlesung die Blickwinkel und Antworten unterschiedlicher Disziplinen zu diesen Fragen.

Hannover, August 2008
Bernhard Friedrich

Dietmar Scholich

Wohin bewegt sich die Regionalplanung?
Befunde und Notwendigkeiten

1. Vorab

Nahezu alle Tätigkeitsbereiche des Menschen (Wohnen, Arbeiten, Freizeit und Erholung, Kultur) sind mit Ansprüchen an den Lebensraum verbunden. Diese Ansprüche sind unterschiedlich, können sich ergänzen, überlagern oder miteinander konkurrieren, aber auch mit Belastungen der natürlichen Lebensgrundlagen einhergehen. Im Laufe der Zeit sind die Ansprüche ständig gestiegen und haben zur Zunahme der Konflikte geführt, vor allem in den dichtbesiedelten Räumen. Ein Beispiel ist die fortschreitende Umwandlung von Freiraum in Flächen für Siedlungen und Verkehrsanlagen.

Es ist die Grundaufgabe der Raumplanung, die Bedürfnisse und Werthaltungen der Gesellschaft einerseits und die langfristige Sicherung einer intakten Natur und Landschaft als zentralen Lebensgrundlagen im Sinne einer nachhaltigen Raumentwicklung andererseits miteinander in Einklang zu bringen, vorhandene raumwirksame Konflikte zwischen beiden Bereichen abzubauen und neue Konflikte im Ansatz zu ersticken. Die Raumplanung in den Ländern, Regionen und Gemeinden hat hier ihre Kernkompetenz[1].

2. Regionalplanung in Deutschland

Regionalplanung ist die regionale Ebene überörtlicher Raumplanung. Sie ist am nächsten dran an den Problemen der Raumentwicklung. Auch deshalb ist sie die konkreteste Ausformung gesamträumlicher Planung in Deutschland oberhalb der Städte und Gemeinden und als Planungsebene so wichtig.

Um erörtern zu können, wohin sich die Regionalplanung in der Zukunft bewegt bzw. bewegen sollte, sind Kenntnisse über die bisherige Entwicklung, die wesentlichen Aufgaben, Rahmenbedingungen und den aktuellen Stand notwendig. Eine solche Reflexion ist an dieser Stelle nur überblicksartig möglich[2].

2.1 Politikfeld mit Tradition

Im Vergleich zu anderen Politikbereichen ist Regionalplanung zwar ein junges Aufgabengebiet, aber durchaus eines mit Tradition. Mit ihren Traditionen sollte eine Gesellschaft pfleglich umgehen, sie nicht ohne Not zerstören, sondern schrittweise weiterentwickeln.

Regionalplanung hat ihren Ursprung zu Beginn des 20. Jahrhunderts. Vorreiter waren hier der Zweckverband Groß-Berlin (1912) und der Siedlungsverband Ruhrkohlenbezirk (1920), der über viele Jahrzehnte hinweg eine Pionierfunktion für die Bewältigung regionaler Planungsaufgaben und für die Entwicklung des planerischen Instrumentariums hatte[3]. Andere Räume folgten in den Jahren danach.

Der heutige Begriff Regionalplanung setzte sich bundesweit erst mit dem Raumordnungsgesetz des Bundes (ROG) von 1965 und der Komplettierung der Planungsgesetzgebung der Länder durch. Bis dahin wurde überwiegend von Landesplanung gesprochen, wenn es um gemeinsame Probleme, Entwicklungen und um überörtliche und gemeinschaftliche Planung in zusammengehörigen größeren Gebieten ging. In den 1970er und 1980er Jahren ist es dann zu einer nahezu flächendeckenden Regionalplanung in Deutschland gekommen, nach 1990 bis heute dann auch für die ostdeutschen Länder.

2.2 Regionale Planungsräume

Der Begriff „Region" ist weder eindeutig definiert noch wird er einheitlich verwendet. Das ist bei der föderalen Struktur Deutschlands auch nicht anders zu erwarten. Insofern haben sich in Deutschland sehr unterschiedliche Planungsregionen herausgebildet, für die regionalplanerische Zuständigkeiten festgelegt worden sind und für die Regionalpläne erarbeitet und aufgestellt werden müssen (Abbildung 1). Die Regelungskompetenz dafür haben die Länder. Das hat u. a. zu erheblichen Unterschieden bei der Größe der Planungsregionen geführt.

Entsprechend unterschiedlich sind die Einwohnerzahlen. Mehr als die Hälfte der rund 110 Planungsregionen in Deutschland haben bis zu 500.000 Einwohner, ein knappes Drittel immerhin bis zu einer Million Einwohner und knapp ein Fünftel über eine Million Einwohner.

Wohin bewegt sich die Regionalplanung? Befunde und Notwendigkeiten 5

Die Planungsräume der Regionalplanung in Deutschland

Begriff	Anzahl	Abgrenzung		Fläche in qkm			Einwohnerzahl in Mio		
		eigenständig	Regierungsbezirke	Minimum	Maximum	Durchschnitt	Minimum	Maximum	Durchschnitt
Baden-Württemberg	Region	12	+		2.100	4.800	3.000	0,42	2,48	0,82
Bayern	Region	18	+		1.500	5.700	3.900	0,33	2,26	0,61
Brandenburg	Region	5	+		4.500	7.200	5.900	0,32	0,72	0,52
Hessen	Planungsregion	3		+	5.400	8.300	7.000	1,00	3,54	1,92
Mecklenburg-Vorpommern	Region	4	+		4.500	7.200	5.900	0,33	0,54	0,48
Niedersachsen	Planungsraum	38[1]	-	-	500	2.900	1.200	0,05	1,07	0,17
Nordrhein-Westfalen	Regierungsbezirk	5		+	5.300	8.000	6.800	1,90	4,01	3,46
Rheinland-Pfalz	Region	5	+		2.500	6.200	4.000	0,47	1,12	0,75
Saarland	-	-	-	-	-	-	-	-	-	-
Sachsen	Planungsregion	5	+		2.700	4.400	3.700	0,73	1,17	0,96
Sachsen-Anhalt	Planungsregion	5	+		3.348	4.715	4.100	0,25	0,81	0,53
Schleswig-Holstein	Planungsraum	5	+		1.600	4.200	3.200	0,26	0,82	0,52
Thüringen	Planungsregion	4	+		3.300	4.900	4.100	0,42	0,90	0,66

1) 33 Landkreise, 5 kreisfreie Städte sowie die Region Hannover (Landkreis und kreisfreie Stadt Hannover) und der Zweckverband "Großraum Braunschweig"

Abb. 1: Die Planungsräume der Regionalplanung in Deutschland
Quelle: G. Turowski, Fachgebiet Raumordnung und Landesplanung, Univ. Dortmund, 2003

Die Regelungskompetenz der Länder hat auch zu verschiedenen Bezeichnungen der Hauptinstrumente, der Pläne (Regionalpläne, Regionale Raumordnungsprogramme, Gebietsentwicklungspläne etc.), geführt.

Die Frage der Trägerschaft der Regionalplanung wird zwangsläufig durch die Abgrenzung der Planungsregionen bestimmt (Abbildung 2). In den Ländern mit Zuordnung der Regionalplanung zur staatlichen Mittelinstanz sind sie mit den Regierungsbezirken identisch. Hier ist allerdings zurzeit Einiges in Bewegung. So wird in Schleswig-Holstein über eine Dezentralisierung der Regionalplanung nachgedacht. In Mecklenburg-Vorpommern werden Großkreise geschaffen. Diskussionen laufen aber auch in Nordrhein- Westfalen, Sachsen, Rheinland-Pfalz und anderenorts. Bei der Mehrzahl der Länder mit regionalen Planungsgemeinschaften bzw. Planungsverbänden oder Regionalverbänden spielt das Zentrale-Orte-System eine wesentliche Rolle bei der Abgrenzung der Regionen.

Organisation der Regionalplanung in Deutschland

	Planungsinstrumente	Planungsträger (Anzahl)	Entscheidungsträger	Planungs- und Geschäftsstellen
Baden-Württemberg	Regionalpläne	Regionalverbände (12, einschl. Verband Region Stuttgart)	Verbandsversammlungen	Eigene Verbandsverwaltungen
Bayern	Regionalpläne	Regionale Planungsverbände (18)	Verbandsversammlungen	Regionalplanungsstellen bei den Regierungen
Brandenburg	Regionalpläne	Regionale Planungsgemeinschaften (5)	Regionalräte	Eigene Regionale Planungsstellen
Hessen	Regionalpläne	Regionalversammlungen (3)	Regionalversammlungen	Geschäftsstellen bei den Regierungspräsidien
Mecklenburg-Vorpommern	Regionale Raumordnungsprogramme	Regionale Planungsverbände (4)	Verbandsversammlungen	Geschäftsstellen bei den Ämtern für Raumordnung und Landesplanung
Niedersachsen	Regionale Raumordnungsprogramme	Landkreise (33) und krfr. Städte (5), Region Hannover und Zweckverband "Großraum Braunschweig"	Kreistage und Stadträte, Regions- bzw. Verbandsversammlung	Kreis- bzw. Stadtverwaltungen, Verwaltung der Region bzw. des Zweckverbandes
Nordrhein-Westfalen	Gebietsentwicklungspläne	Regionalräte und Bezirksplanungsbehörden (5)	Regionalräte	Bezirksplanungsbehörden bei den Regierungspräsidien
Rheinland-Pfalz	Regionale Raumordnungspläne	Planungsgemeinschaften (5)	Regionalvertretungen	Geschäftsstellen bei den Struktur- und Genehmigungsdirektionen
Saarland	-	-	-	-
Sachsen	Regionalpläne	Regionale Planungsverbände (5)	Verbandsversammlungen	Regionale Planungsstellen bei den Staatlichen Umweltfachämtern
Sachsen-Anhalt	Regionale Entwicklungspläne	Regionale Planungsgemeinschaften (5)	Regionalversammlungen	Geschäftsstellen bei den Regierungspräsidien
Schleswig-Holstein	Regionalpläne	(oberste) Landesplanungsbehörde	(oberste) Landesplanungsbehörde	(oberste) Landesplanungsbehörde
Thüringen	Regionalpläne	Regionale Planungsgemeinschaften (4)	Planungsversammlungen	Regionale Planungsstellen beim Landesverwaltungsamt

Abb. 2: Organisation der Regionalplanung in Deutschland
Quelle: G. Turowski, Fachgebiet Raumordnung und Landesplanung, Univ. Dortmund, 2003

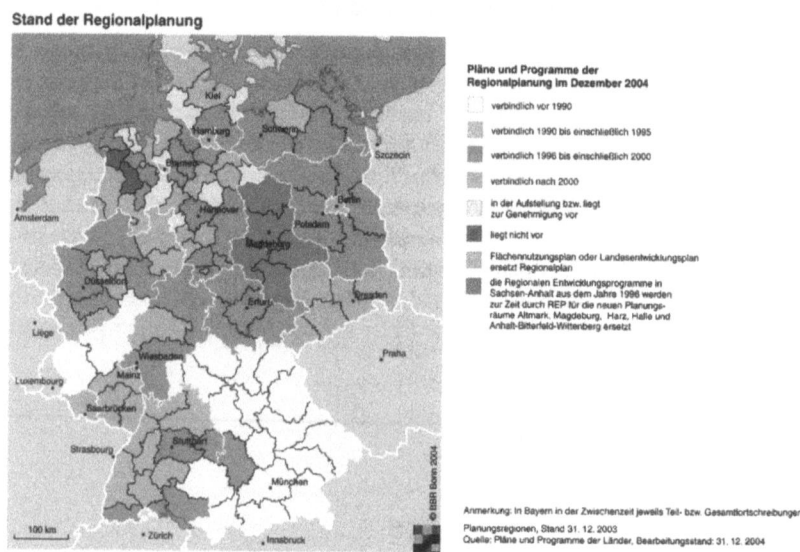

Abb. 3: Stand der Regionalplanung in Deutschland
Quelle: BBR (Hrsg.) (2005): Raumordnungsbericht. S. 257

2.3 Allgemeine und Kernaufgaben

Die Grundaufgabe der Regionalplanung, im Sinne der Nachhaltigkeit die ökonomischen und sozialen Bedürfnisse und Werthaltungen der Gesellschaft einerseits und die langfristige Sicherung der natürlichen Ressourcen andererseits miteinander in Einklang zu bringen, ist zu Beginn bereits genannt worden. Nachhaltige Raumentwicklung hat die Funktion eines „roten Fadens" oder einer „Messlatte" für die Regionalplanung.

Weitere zentrale Aufgabe der Regionalplanung ist die vorausschauende, zusammenfassende und überfachliche Planung für die raum- und siedlungsstrukturelle Entwicklung des jeweiligen Planungsraumes auf mittlere und längere Sicht. Sie liegt in einem konfliktreichen Spannungsfeld: zwischen überörtlichen und örtlichen Interessen, zwischen regionalen und großräumigen Interessen, zwischen fachlichen und gesamträumlichen Standortanforderungen und Flächenansprüchen, aber auch zwischen individuellen und Gemeinwohl orientierten Bedürfnissen in einer Region.

Allein wegen dieses Spannungsfeldes wird klar, warum diese Aufgabe nicht von einzelnen Fachplanungen wahrgenommen werden kann und warum es wichtig ist, hier eine überfachlich koordinierende und letztlich politische Abstimmung und Prioritätensetzung herbeizuführen.

Die Regionalplanung ist aber auch ein wichtiger Vermittler zwischen einerseits den für die Raumplanung zuständigen Behörden auf der Bundes- und Landesebene und andererseits den Kommunen. Dabei geht es sowohl um die geforderte Anpassung der Bauleitplanung der Gemeinden an die Ziele der Raumordnung und um deren Berücksichtigung durch die Fachplanungsträger. Darüber hinaus müssen die Anliegen und Interessen der Kommunen in Richtung Landesplanung transportiert werden. Aus diesem Grunde ist das so genannte Gegenstromverfahren als Organisationsprinzip des Planungsprozesses in der Arbeitsweise der Regionalplanung am ausgeprägtesten realisiert worden.

Die Regionalplanung bewegte sich in einer Phase ins Abseits, als manche Regionalplanungsstelle in Deutschland offenbar den Ehrgeiz verspürte, sie müsse sich um alles und jeden kümmern, alles regeln. Die ARL hat sich schon frühzeitig für ein Zurücknehmen der Regionalplanung auf ihre Kernkompetenzen und für eine Verschlankung der Regionalpläne auf die drei regionalplanerischen Schlüsselbereiche ausgesprochen[4]: Siedlungsentwicklung, Verkehrsentwicklung/Mobilität und Freiraumentwicklung. Regionalpläne jüngeren Datums sind bezüglich des Regelungsumfangs auch deutlich „abgespeckt" worden[5].

Zu den klassischen Kernaufgaben der Regionalplanung zählen deshalb:

- eine wirksame Rahmensetzung für die Siedlungsentwicklung und insbesondere in verdichteten Räumen die Sicherung regionaler Freiräume und Grünzüge,

- die Ausweisung von Schwerpunkten für die Funktionen Wohnen, Gewerbe und Erholung sowie

- die Ausweisung und Stützung des zentralörtlichen Systems, wobei das vor allem für die ländlichen Räume im Sinne von Rückzugsbastionen erforderlich ist, um Orientierungspunkte für die gebündelte Sicherstellung einer flächendeckenden Mindestversorgung zu schaffen (Gleichwertigkeit der Lebensverhältnisse).

3. Herausforderungen für die Regionalplanung

Die Regionalplanung in Deutschland sieht sich – wie die anderen Planungsebenen – einer Vielzahl von teilweise tiefgreifenden Herausforderungen gegenüber.

3.1 Außergewöhnliche Herausforderungen

Wichtige Stichworte sind hier (a) die Folgen der wirtschaftlichen Globalisierung und der europäischen Integration mit der Zunahme der Verflechtungen und des Wettbewerbs zwischen den Regionen, einschließlich der neuen „Welt-, Europa- und Bundesliga (1. und 2. Liga)" der Metropolregionen, (b) die vor allem auch räumlichen Konsequenzen des demographischen Wandels mit rückläufigen Bevölkerungszahlen, der Alterung der Gesellschaft und wachsender Internationalisierung (Zuwanderungen), (c) die Verknappung der Ressourcen, insbesondere von Energie und Rohstoffen bei gleichzeitig wachsenden Umweltbelastungen im weltweiten Maßstab sowie (d) die Wiedergewinnung der deutschen Einheit mit ganz neuen Lagebeziehungen im erweiterten Europa.

Mit diesen Herausforderungen gehen gewaltige Probleme einher, deren Lösung die Möglichkeiten der Regionalplanung natürlich weit übersteigt. Das gilt auch für den demographischen Wandel. Es geht das Schrumpfungsgespenst um, nicht nur in Ostdeutschland, sondern auch in Teilräumen Westdeutschlands, und hat Regionen mit ungünstiger demographischer und ökonomischer Struktur in Angst und Schrecken versetzt. Der sich abzeichnende Darwinismus der Regionen im Kampf um junge und gut qualifizierte Menschen lässt erkennen, dass sich die Schere zwischen wachsenden und tendenziell von der allgemeinen Entwicklung abfallenden Regionen deutlich öffnet[6].

Würde man sich allerdings die Mühe machen, einen Blick in die fachlichen Schlagzeilen der 1960er, 70er und 80er Jahre in Westdeutschland und in die Veröffentlichungen der ARL[7] zu werfen, dann könnte man sehen, dass die demographischen Herausforderungen gar nicht so neu sind. Die ARL hat schon im Jahr 1978 eine Publikation herausgegeben, die sich mit der Bedeutung rückläufiger Einwohnerzahlen für die Raumentwicklung und Planung auseinandergesetzt und beispielsweise die raumwirksamen Effekte einer Bevölkerungsimplosion thematisiert hat[8]. Darüber hinaus wird viel zu wenig davon gesprochen, dass Schrumpfung keine ansteckende Krankheit, sondern auch mit Chancen für die Raumentwicklung verbunden ist.

3.2 „Klassische" Herausforderungen

Daneben ist die Regionalplanung maßgeblich durch Herausforderungen geprägt, die man als klassisch bezeichnen kann, weil sie schon seit langem „Wegbegleiter" der Raumplanung auf der regionalen Ebene sind. Zu nennen sind hier z. B. (a) die traditionellen Raumnutzungskonflikte zwischen verschiedenen Flächen in Anspruch nehmenden Institutionen[9] mit der Gefahr der drohenden Zersiedlung der Landschaften in bestimmten Teilräumen und (b) das auf dem Grundgesetz aufbauende Ziel der Herstellung der Gleichwertigkeit der Lebensverhältnisse in allen Teilräumen Deutschlands[10], das zurzeit wieder heftig diskutiert wird, auch im Zusammenhang mit territorialer Kohäsion.

3.3 „Neue" Herausforderungen

Überlagert werden die klassischen von einer Reihe „neuer" Herausforderungen. So fordern vorrangig Investoren und Politiker in jüngerer Zeit vermehrt, dass die raumplanerischen Prozesse und Verfahren flexibler gestaltet, dereguliert und beschleunigt werden sollten[11]. Es ist keine Frage, dass der deutsche Bürokratiedschungel in bestimmten Bereichen gelichtet werden kann und muss. Weithin verkannt wird dabei allerdings häufig, dass eine sorgfältige, alle wesentlichen Bedingungen einbeziehende Planung letztendlich der schnellere und sicherere Weg ist. Es sind erfahrungsgemäß gerichtliche Auseinandersetzungen, die planerische Verfahren zeitlich in die Länge ziehen[12].

Regelmäßig ist auch der Ruf zu hören, Raumentwicklung sollte weniger an Plänen, sondern mehr an Projekten ausgerichtet werden. Regionalplanung sollte zeitnah sein und sich an den Umsetzungsmöglichkeiten orientieren. Hinter der Projektorientierung verbirgt sich allerdings eine grundsätzliche Gefahr, dass nämlich die Gesamtzusammenhänge in einer Region aus den Augen verloren werden. Ohne Frage können sich Projekte als Motoren der künftigen Entwicklung einer Region insgesamt entpuppen. Das haben in der Vergangenheit z. B. die Internationale Bau-Ausstellung (IBA) Emscher Park im Ruhrgebiet aus den 1990er Jahren und die EXPO 2000 in Hannover gezeigt. Ein solcher Motor kann aktuell bei bestimmten Voraussetzungen das Aushängeschild „Metropolregion" sein.

Bei all dem soll aber die übergeordnete Leitvorstellung einer nachhaltigen Raumentwicklung konsequent verfolgt und umgesetzt werden. Die nun schon nicht mehr so neue Leitvorstellung ist eine der wichtigsten Herausforderungen an die Regionalplanung. Das hat in der Planungsszene zu einer intensiven Diskussion geführt, die allerdings mehr und mehr abebbt, weil gegen das Argument „Arbeitsplätze schaffen" letztlich doch „kein Kraut gewachsen" ist, bzw. die von anderen neu aufflammenden, klassischen Diskussionssträngen überlagert wird, z. B. der Gleichwertigkeit der Lebensverhältnisse. Wobei zwischen beiden Diskussionen zahlreiche Verknüpfungen bestehen.

Aus der EU sind in den letzten Jahrzehnten eine ganze Reihe von Richtlinien gekommen, die sich in ganz erheblichem Maße auf die Raumplanungspraxis speziell auf der regionalen Ebene auswirken, z. B. UVP-RL, FFH-RL, Vogelschutz-RL, WRRL und Plan-UP-RL. Aus der Richtlinie 2001/42/EG des Europäischen Parlaments und des Rates über die Prüfung der Umweltauswirkungen bestimmter Pläne und Programme (Plan-UP oder SUP für Strategische Umweltprüfung) vom 27. Juni 2001 ergeben sich neue Verfahrensanforderungen für die räumliche Planung in den EU-Mitgliedstaaten. So sind Pläne und Programme frühzeitig auf ihre Umweltauswirkungen zu prüfen.

Hinter der SUP verbirgt sich keine neue Problematik für die Regionalplanungspraxis, sondern eine Problemlösung zu einem anderen, im Vergleich zur bisherigen Praxis früheren Zeitpunkt. Die SUP erschöpft sich nicht in einer veränderten Dokumentation des Planungsprozesses, sondern führt zu qualitativen Planverbesserungen, insbesondere bezüglich der Nachvollziehbarkeit planerischer Abwägungsprozesse. Das ist wichtig, denn schließlich muss der Planung daran gelegen sein, dass sie von ihren „Kunden" verstanden wird. Insofern sollte die SUP als Chance für die Regionalplanung erkannt und genutzt werden.

3.4 Immer im Spagat und regelmäßig auf dem Prüfstand

Schließlich sieht sich die Regionalplanung Anforderungen und Erwartungen ausgesetzt, die sie – im Gegensatz zu vielen anderen Aufgabenfeldern – immer wieder nötigen, ihre Existenzberechtigung nachweisen zu müssen.

Dabei wird Regionalplanung zur olympischen Disziplin, denn es reiht sich ein spannungsgeladener Spagat an den anderen:

Nachhaltige Raumentwicklung sicherstellen, aber keine Investition verhindern.

Bei konkreten Planungsanliegen schnellstmöglich und flexibel aktiv werden, aber alles gerichtsfest machen durch präzise Zielformulierungen, umfassende Prüfung der Umweltauswirkungen (SUP) und angemessene Einbeziehung der Öffentlichkeit.

Möglichst viele regionale Akteure einbinden und regionalen Konsens herstellen, aber auch neue Flächeninanspruchnahmen verhindern (großflächigen Einzelhandel an der „falschen" Stelle abwehren) und die Bautätigkeit an den Strecken des ÖPNV konzentrieren.

Projekte in den Mittelpunkt stellen, zugleich aber den Raum als Gesamtsystem nicht aus dem Blickfeld zu verlieren.

Dieses sind nur wenige Beispiele, die aber das Dilemma deutlich machen, in dem die Regionalplanung steckt, und die von den Kritikern der Regionalplanung gern unterschlagen werden. Diese Kritiker fordern regelmäßig, die Regionalplanung habe über ihre Erfolge öffentlich Rechenschaft abzulegen.

Wie vermittelt man jedoch in unserer durch Fachdisziplinen segmentierten Politiklandschaft die Synergieeffekte der Regionalplanung, wenn die traditionellen Disziplinen meinen, durch Kooperation von unterschiedlichen Fachressorts könnten dieselben Erfolge erreicht werden? Wo liegt der Mehrwert der Regio-

Wohin bewegt sich die Regionalplanung? Befunde und Notwendigkeiten 11

nalplanung gegenüber der additiven Zusammenarbeit von Vertreterinnen und Vertretern der Regionalökonomie, Landschaftsplanung und Verkehrsplanung, um nur einige Fachpolitiken zu nennen?

Regionalplanung hat zudem das Problem, dass sie fast nichts produziert, was man sichtbar oder greifbar machen kann. Sie erzeugt Kollektivgüter, die in der Regel nicht die einzelne Bürgerin oder der Bürger, sondern die Gesellschaft insgesamt nachfragt. Wenn also seitens der Politik die Regionalplanung zurückgenommen wird, wie zurzeit, reduziert sich zwangsläufig die Nachfrage nach ihren Aufgaben und Produkten und die Regionalplanung wird ins Abseits bewegt.

Doch die Regionalplanung muss sich gar nicht verstecken, wenn es um ihre Erfolge geht, das zeigen Monitoring- und Controlling-Ansätze.

Nach Priebs[13] würden sich die Kritiker ohnehin wundern, wie klein die Arbeitseinheiten der Regionalplanung in der Regel sind, und in den Aktenordnern den enormen Aufwand für z. B. die Aufstellung oder Änderung eines Regionalplans nachvollziehen können. Sie werden dann erkennen, dass die Regionalplanungsstellen eine erstaunliche Vielfalt regionaler Probleme aufgegriffen und zu regionalen Konzepten (z. B. zum großflächigen Einzelhandel[14]) und anderen Vorhaben (beispielsweise EU-Förderprojekte) verarbeitet haben.

Und was es immer auch zu bedenken gilt: Regionalplanung ist und bleibt ein eher spröder Politikbereich, der oft unbemerkt von der breiten Öffentlichkeit wirkt und dessen Früchte einem größeren Publikum verschlossen bleiben. Der gesellschaftliche Nutzen lässt sich am besten vor Augen führen, wenn man sich vorstellt, Regionalplanung würde wegfallen. Der Effekt ist ähnlich dem einer Sicherheitsvorschrift: Wenn man von ihrem Fehlen ausgeht, wird am ehesten sichtbar, was sie leisten soll.

Was wäre, wenn es keine Regionalplanung (oder Landes- und Stadtplanung) mehr gäbe? Jeder würde bauen, was, wie und wo er will. Zusammenhängende Freiflächen würden Wohnsiedlungen und großflächigen Einzelhandels- und Freizeiteinrichtungen weichen. Die Landwirtschaft als Kulturlandschaften prägendes Element würde verschwinden. Jeder würde nach Rohstoffen graben und Windenergieanlagen errichten, wo es ihm gefiele. Siedlungsentwicklungen auf der „grünen Wiese" würden die belebten, urbanen Innenstädte veröden lassen.

Ein solches Gedankenspiel darf aber nicht Realität werden. Denn bereits heute wird deutlich, was fehlende oder zu schwache Regionalplanung bewirkt. Und es ist Teil der gesellschaftlichen Verantwortung, die Zukunftschancen der nächsten Generationen schon heute mitzubedenken. Wenn es einen Politikbereich gibt, der sich der langfristigen Gestaltung der menschlichen Lebenswelt widmet, also nachhaltig denkt und handelt, dann ist dies die räumliche Gesamtplanung und hier insbesondere die Regionalplanung[15].

Allerdings sind die Vertreterinnen und Vertreter der Regionalplanung nicht schuldlos, dass sie regelmäßig in die Enge getrieben werden, indem nach Erfolgsbilanzen und nach der Existenzberechtigung der Regionalplanung gefragt wird, wie das zurzeit im Zusammenhang mit erneuten Forderungen der Politik nach Verfahrensbeschleunigung[16] und mit der Umsetzung der Ergebnisse der so genannten Föderalismuskommission[17] der Fall ist.

Wohin also wird bzw. sollte sich die Regionalplanung in Deutschland bewegen?

4. Regionalplanung hat Zukunft: Einige Schritte nach vorn

Regionalplanung hat – wie die Raumplanung insgesamt – noch nie im Zentrum des politischen Geschehens und der gesellschaftlichen Auseinandersetzung gestanden. Botschaften der Regionalplanung sind nicht nur wegen der Sprache schwer einer breiten Öffentlichkeit zu vermitteln, auch deshalb, weil der Einzelne von regionalplanerischen Entscheidungen nur in Ausnahmefällen unmittelbar betroffen ist.

Mit dem politischen Tagesgeschäft ist Regionalplanung aufgrund vor allem ihrer langfristigen Perspektiven nur schwer in Einklang zu bringen.

Vor dem Hintergrund kann Regionalplanung – dem Motto dieses Beitrags entsprechend – auf ein bewegtes Leben zurückblicken. Auf der Zeitachse ist der Stellenwert der Regionalplanung stets Schwankungen unterworfen gewesen, teilweise in Form heftiger Amplituden. Nach Talsohlenaufenthalten folgen in regelmäßigen Abständen Plätze zumindest im Schatten der Sonne. Die Regionalplanung findet sich vor allem dann auf Plätzen mit brauchbarer Aussicht wieder, wenn zunächst über einen längeren Zeitraum die Empfehlungen der Regionalplanung unterschätzt oder gar ignoriert wurden, nun aber der allgemeine Druck politische Lösungen unumgänglich macht und die Feuerwehrfunktion der Regionalplanung abgerufen wird[18]. Aktuelles Beispiel hierfür sind die räumlichen Konsequenzen des demographischen Wandels.

Eigentlich müsste sich die Regionalplanung viel häufiger in den Mittelpunkt einer breiten Öffentlichkeit bewegen, in der sie aber weitgehend unbekannt ist. Denn Regionalplanung hat Aufgaben und Funktionen für die Gesellschaft wahrzunehmen, die von ihr besser und mit geringerem Aufwand als von anderen Disziplinen oder gesellschaftlichen Akteuren wahrgenommen werden können. Wenn schon die Politik mancherorts nicht der Meinung ist, aber zumindest Fachleute gehen davon aus, dass diese Aufgaben und Funktionen der Regionalplanung in der Zukunft noch wichtiger werden; auch deshalb, weil sich vor allem in den großen Städten und Stadtregionen die Raumnutzungskonflikte verschärfen werden.

Aber die Regionalplanung bewegt sich ins Abseits, wenn es ihr nicht gelingt, der Politik und Öffentlichkeit ihr spezifisches Aufgabenfeld noch offensiver deutlich zu machen und dabei noch selbstbewusster ihre unverzichtbaren Leistungen darzustellen, die nur sie erbringen kann[19].

Wohin bewegt sich die Regionalplanung? Befunde und Notwendigkeiten 13

4.1 Regionalplanung hat, was andere nicht haben – Produkte besser vermarkten

Die Regionalplanung sorgt für die Koordination der unterschiedlichen und vielfältigen Ansprüche der Fachpolitiken und der Öffentlichkeit an den Raum und sorgt für fairen Interessenausgleich. Sie kann gewährleisten, dass den öffentlichen und privaten Investoren Planungs- und Rechtssicherheit für ihre Standort- und Investitionsentscheidungen geboten wird. In diesen wichtigen Funktionen muss die Regionalplanung gestärkt werden.

Regionalplanung kann Probleme heute auf die Tagesordnung setzen, die erst morgen auf die Gesellschaft zukommen. Diese Frühwarnfunktion wird in bestimmten Teilräumen noch an Bedeutung gewinnen.

Selbstverständlich kann die Regionalplanung keine Lösungen für eine ungewisse Zukunft entwickeln. Niemand kann in die Zukunft schauen. Doch die Regionalplanung verfügt über ein wesentlich größeres Paket von Optionen, weil die Zeitachse für die Suche nach Lösungen in der Regionalplanung länger als in anderen Politikbereichen ist. Langfristig ist vieles flexibel, was kurzfristig nur ad hoc reagierendes Krisen-Management zulässt. Über gut fundierte Szenarien können alternative Zukünfte dargestellt und für Entscheidungsträger transparent gemacht werden. Durch ihre Zukunftsorientierung trägt Regionalplanung in besonderer Weise dazu bei, dass Grundlagen für eine zukunftsfähige, nachhaltige Raumentwicklung geschaffen werden.

Die traditionelle Ordnungsfunktion der Regionalplanung wird immer häufiger in Frage gestellt (siehe z. B. Projektorientierung). Ohne Frage muss auch der Entwicklungsaspekt in der Regionalplanung (wieder) stärker betont werden. Aber die Ordnung des Raumes wird schon wegen der Zunahme der Nutzungskonflikte in bestimmten Teilräumen ihren hohen Stellenwert behalten und stellt insofern ein wichtiges Produkt und einen konstruktiven Beitrag zur Verbesserung der Lebensqualität und des Schutzes vor Umweltrisiken dar. Denn die natürlichen Ressourcen sind nicht unbegrenzt vorhanden und teilweise nicht reproduzierbar[20].

Regionalplanung ist auf dem richtigen Weg, wenn sie verstärkt Serviceleistungen als Produkte anbietet. Ansatzpunkte sind die umfassende Informationsaufbereitung auf der Basis Geographischer Informationssysteme (GIS), die heute schon von Investoren und Kommunen, aber auch Fachplanungen in Anspruch genommen wird, und das Internet mit neuen und vielfältigen Chancen für Serviceleistungen.

Weiter vorn ist die SUP als neue Herausforderung angesprochen worden. Mit der SUP bietet sich für die Regionalplanung die Chance, durch die Gestaltung der Prüfinhalte und -tiefen wesentliche Aussagen zu treffen, auf die bei den Umweltprüfungen im Rahmen der kommunalen Bauleitplanung unmittelbar zurückgegriffen werden kann. Von daher kann die Regionalplanung hier ein Serviceinstrument für die Kommunen entwickeln.

Andere Produkte der Regionalplanung, die man nicht automatisch kennen muss sind die Moderation, die Organisation regionaler Entwicklungs-Diskurse (Szenarien) und das Monitoring. Mit Hilfe dieser Produkte kann die Regionalplanung die Weiterentwicklung gesellschaftlicher Steuerungsprozesse (Regional Governance) unterstützen.

Die Regionalplanung bewegt sich in die richtige Richtung, wenn sie diese Produkte, Besonderheiten und Alleinstellungsmerkmale durch gezielte Marketingstrategien noch stärker in Richtung regionaler Politik und Öffentlichkeit vermittelt. Eine bessere Vermarktung wird allerdings ohne anschaulichere Darstellungen, eine verständlichere Sprache und verstärkte Medienarbeit nicht gelingen, was zugegebenermaßen nicht einfach ist.

4.2 Regionalplanung tut Not – Einmischen ist angesagt

Erheblichen Bewegungsspielraum bzw. die Notwendigkeit einer grundsätzlichen Umorientierung hat die Regionalplanung mehrheitlich auch noch, was das konsequente und möglichst frühzeitige Kümmern um akute regionalpolitische Fragen angeht[21]. Die Vertreterinnen und Vertreter der Regionalplanung müssen die politischen Trends aufgreifen und das „Eisen schmieden, so lange es heiß ist". Das ist bislang nicht immer konsequent geschehen, was zum Beispiel der mancherorts großzügige Umgang mit der Ressource Fläche[22] verdeutlicht (Abbildung 4).

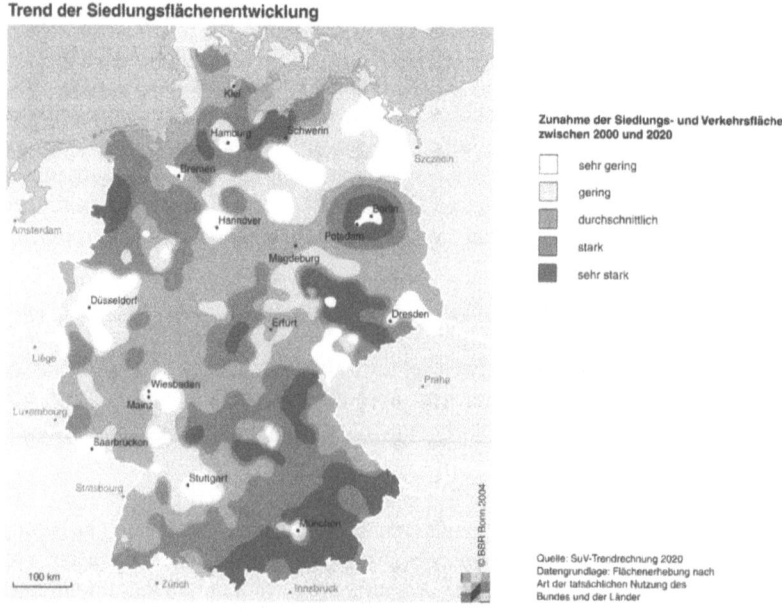

Abb. 4: Siedlungsflächenentwicklung
Quelle: BBR (Hrsg.) (2005): Raumordnungsbericht. S. 57

Wohin bewegt sich die Regionalplanung? Befunde und Notwendigkeiten 15

Dass jedoch die Regionalplanung (aber auch die Landesplanung) hier durchaus den richtigen Weg einschlagen kann, hat sie beispielsweise 2002 zum Hochwasserschutz gezeigt.

Regionalplanung ist in der Lage, integrierte Entwicklungsprozesse im Strukturwandel zu unterstützen, vor allem - wie zurzeit und künftig noch verstärkt - in Phasen der Schrumpfung. Hier müssen neue Konzepte der Raumentwicklung unter sozusagen negativen Vorzeichen erarbeitet werden. Die Regionalplanung ist in Schrumpfungsprozessen ein geeigneter und wichtiger Vermittler und Konfliktlöser.

4.3 Konkurrenten, Kunden, Kooperationspartner nicht ignorieren

Es wäre der richtige Weg, wenn die Regionalplanung schauen würde, wo sie in Konkurrenz zu anderen regionalen Akteuren steht, die bestimmte Aufgaben vielleicht sogar besser machen können oder mit denen die Zusammenarbeit gesucht werden sollte. Wer sind die potenziellen Kunden für ihre Produkte, die Adressaten und die Partner? Wie kann sie mit diesen am besten kommunizieren?

Die Regionalplanung bewegt sich in die richtige Richtung und wird sich weiter entwickeln, wenn sie neue Formen der kooperativen Planung mit den Fachplanungsträgern und -ressorts[23] sowie der Wirtschaft ausprobiert und wenn sie dabei den Einsatz von Instrumenten der Angebotsplanung intensiviert (z. B. die Ausweisung von Siedlungsentwicklungsgebieten in Regionalplänen) und auch mit Zielvereinbarungen operiert (z. B. raumordnerische Verträge), die Adressaten Spielraum in der Umsetzung lassen.

Es ist eine uralte Forderung, die aber bislang in den wenigsten Fällen realisiert wurde: Regionalplanung und regionale Wirtschaftsförderung müssen eng miteinander kooperieren. Beide Politikbereiche können gemeinsam die heute mehr denn je geforderte Freisetzung der Wachstumskräfte bei gleichzeitiger Sicherung von Freiraum und Natur gewährleisten.

4.4 Zähigkeit und Hartnäckigkeit werden sich auszahlen

Zurzeit ist die Nachhaltigkeitsthematik augenscheinlich aus dem politischen Blickfeld weitestgehend verschwunden. Allerdings wird sie modernen Gesellschaften dauerhaft erhalten bleiben. Es gibt nämlich mit Blick auf die nachfolgenden Generationen keine Alternative, als die Wirtschafts-, Sozial- und Raumstrukturen an den Grundsätzen einer nachhaltigen Raumentwicklung auszurichten.

Die Nachhaltigkeitsthematik lässt sich gerade auf Regionsebene mit Inhalt füllen. Die langfristige Entwicklung, Ordnung und Sicherung der Teilräume mit dem Leitziel einer nachhaltigen Raumentwicklung ist einer der wichtigsten Beiträge der Regionalplanung. Es gibt keinen anderen Akteur, der die sozialen und wirtschaftlichen Ansprüche an den Raum mit seinen ökologischen Funktionen in Einklang bringen und zu einer dauerhaften, großräumig ausgewogenen Ordnung führen kann. Denn nachhaltige Raumentwicklung ist ein komplexer Politikvorgang, der nur durch Integration der Disziplinen, also durch eine gemeinsame Herangehensweise geleistet werden kann. Das ist die Domäne der räumlichen Gesamtplanung, insbesondere auf der regionalen Ebene.

Deshalb ist die Regionalplanung gut beraten, wenn sie sich in diesem Fall nicht bewegt und stur bleibt, d. h. trotz des nachlassenden Interesses auf Seiten der Politik mit einem hohen Maß an Ausdauer, Zähigkeit und Hartnäckigkeit für die Umsetzung nachhaltiger Raumentwicklung engagiert. Die Karten werden hier früher oder später – hoffentlich nicht zu spät – neu gemischt. Wohl dem, der dann Trümpfe auf der Hand hat.

4.5 Regionalplanung braucht Qualitätsmanagement

Die Regionalplanung hat hier mancherorts schon den richtigen Weg eingeschlagen, indem zur Sicherstellung der erforderlichen Planungsqualität, insbesondere bezüglich der Treffsicherheit von Bedarfs- und Wirkungsprognosen, zunehmend das Instrument des regionalen Raum- und Umweltmonitorings eingesetzt wird. Damit können positive und negative Effekte ermittelt werden, vor allem unvorhergesehene negative Auswirkungen auf die Umwelt, die bei der Umsetzung eines Regionalplans durch nachfolgende Planungen und Projekte entstehen. Die SUP muss hier – wie gesagt – als Chance und nicht als lästiges Übel begriffen werden.

Zugleich wird mit dem Monitoring eine Informationsbasis für die Evaluierung der Regionalpläne im Hinblick auf die Zielerreichung einer nachhaltigen Raumentwicklung geschaffen (Erfolgskontrolle) und den Dauerkritikern der Wind aus den Segeln genommen[24]. Darüber hinaus wird damit eine fundierte Grundlage für Planänderungen bzw. -fortschreibungen gelegt.

4.6 Kommunikative Kompetenz der Regionalplanung vielfältig nutzen

Über das interne Qualitätsmanagement hinaus muss sich die Regionalplanung in Zukunft auch stärker in die Umsetzung ihrer Pläne und den Vollzug ihrer anderen Aufgaben einbringen. Regionalplanung ist weit mehr als nur Pläne machen, sondern darüber hinaus sowohl Beratung und Lieferung von Informationen und Lösungsansätzen, als auch Controlling, damit in der Umsetzung Zielverletzungen vermieden werden. Dafür muss die Regionalplanung den Dialog zum Beispiel mit den Gemeinden weiter intensivieren, Projektentwickler und -betreiber beraten und mit ihnen verhandeln.

Ihre kommunikative Kompetenz kann die Regionalplanung aber auch im Bereich des Regionalmanagements nutzen und erweitern (Moderation). Um neue Entwicklungspfade in der Region begehen und positive Impulse setzen zu können, sind regionale Diskurse über Entwicklungsprozesse und die Ausschöpfung regionaler Entwicklungspotenziale in Gang zu setzen[25].

4.7 Regionale Planungs- und Handlungsebene zukunftsfähig machen

Vor allem zur Verschlankung des Staatsaufbaus, zum Abbau von Bürokratie und zur Schaffung kostengünstigerer und effizienterer Strukturen sind in verschiedenen Bundesländern Verwaltungsreformen in Angriff genommen worden. Die Reformansätze sollten auch genutzt werden, um – soweit nicht vorhanden – zukunftsfähige Organisationsstrukturen auf der regionalen Ebene zu schaffen.

In einem föderalen Staatswesen kann es hier keine strukturelle Patentlösung geben[26]. Es sollten aber die Neuordnungen genutzt werden, um auch auf der regionalen Ebene den Verwaltungsaufbau zu vereinfachen und die räumlichen Zuschnitte mit den Anliegen, Hauptaufgaben (kommunale und staatliche Aufgaben), Funktionen und Verwaltungsstrukturen der Regionalplanung passfähig zu machen. Für die Kernaufgaben auf der regionalen Ebene sind eindeutige politische Verantwortlichkeiten, Zuständigkeiten, Planungs- und Handlungsstrukturen sowie Transparenz und unstrittige politische Legitimation Grundvoraussetzungen.

Ebenso sollte in den Reformen auch ein Mindestmaß an Gemeinsamkeiten in den Ländern zum Tragen kommen, indem die Bemühungen bundesweit stärker von gemeinsamen Grundsätzen geleitet werden[27].

So sollten die Diskussionen um die Neuordnung der regionalen Planungs- und Verwaltungsebene genutzt werden, um über Aufgaben nachzudenken, die vordringlich auf regionaler Ebene, also in der Regel oberhalb der heutigen Kreisebene, aber unterhalb der Landesebene, gebündelt wahrzunehmen wären. Dafür bieten sich neben der Regionalplanung insbesondere die Aufgabenträgerschaft für den gesamten ÖPNV, die Wirtschaftsförderung und das Regionalmarketing an[28].

5. Ausblick

Trotz aller Wellenbewegungen, die die Regionalplanung in der politischen und gesellschaftlichen Wahrnehmung durchlaufen hat und vermutlich auch weiterhin durchläuft, und des augenblicklich weit verbreiteten politischen Desinteresses wird ihre Bedeutung aufgrund teilweise tief greifender Veränderungen bei den Rahmenbedingungen in der Zukunft wieder zunehmen. Das Gewicht dieser Veränderungen und deren räumliche Konsequenzen werden erst zu einem geringen Teil von der Politik wahrgenommen. Wie der demographische Wandel zeigt, kann es durchaus geraume Zeit dauern, bis die Politik sensibilisiert ist und reagiert.

Eine solch optimistische Einschätzung stützt sich u. a. auch darauf, dass Regionalplanung die konkreteste Form überörtlicher Raumplanung ist. Als räumliche Gesamtplanung an der Schnittstelle zwischen staatlicher Landesplanung und kommunaler Bauleitplanung ist die Regionalplanung die entscheidende Plattform zur frühzeitigen Integration aller raumbedeutsamen Belange.

Auch hat sich die Regionalplanung vielerorts in Deutschland in ihrem formellen Aufgabenbereich der Ordnung, Sicherung und Entwicklung des Raumes über Jahrzehnte hinweg bewährt, weil sie unterschiedliche Interessen koordiniert und interkommunale bzw. fachplanerische Konflikte einer für alle tragbaren Lösung näher bringt. Darüber hinaus hat sie sich im informellen Bereich durch die Entwicklung innovativer Instrumente und Konzepte, z. B. zur Einbeziehung der Öffentlichkeit, als regionaler Akteur profiliert.

Der Wettbewerbsdrucks wird in den Agglomerationen immer härter mit teilweise schon heute erkennbaren negativen und überörtlichen Wirkungen. Ein Beispiel hierfür ist der großflächige Einzelhandel. Gut beraten sind Räume wie die Regionen Hannover und Stuttgart, die zur Entwicklung des großflächige Einzelhandels regionale Konzepte mit dezidierten Regelungen erarbeitet und rechtswirksam gemacht haben. Im Raum Frankfurt und für das westliche Ruhrgebiet befinden sich solche Konzepte in der Aufstellung. Dabei ist von Bedeutung, dass nur eine Formulierung als Ziel der Raumordnung in der Lage ist, eine Bindungswirkung gegenüber den Trägern der Bauleitplanung sowie dem Baurecht zu entfalten. Festlegungen als Grundsätze der Raumordnung oder allein informelle Verständigungen leiden unter fehlenden Sanktionsmöglichkeiten, so dass ihre Wirksamkeit deutlich eingeschränkt ist. Solche klaren Regelungen haben in der Region Stuttgart dazu geführt, dass seit 2002 keine dezentralen Standorte mit großen Einkaufszentren entstanden sind. Zwar treten häufig Konflikte mit den Kommunen bezüglich einzelner Ansiedlungen auf, im Interesse der gemeinsamen Ziele ist jedoch oft Verständnis zu finden[29].

Schrumpfungsprozesse in den Regionen, das Streben nach Verwaltungsvereinfachung und Strukturreformen und andere wichtige Rahmenbedingungen bedeuten für die Regionalplanung zugleich die Notwendigkeit, sich diesen Veränderungen und Herausforderungen in der weiteren Entwicklung und instrumentellen Ausprofilierung aktiv zu widmen und dabei vor allem ihre Stärken einzubringen und sich bietende Chancen konsequent zu nutzen.

Bei der Frage, wohin sich die Regionalplanung bewegt, sollte auch bedacht werden, dass Regionalplanung Teil des so genannten richtigen Lebens mit all seinen Widersprüchlichkeiten ist. Schon deshalb kann Regionalplanung in einer freien Gesellschaft nicht besser sein als die Gesellschaft selbst.

Regionalplanung wird ihre Beiträge zu einer künftig nachhaltigeren Lebens- und Wirtschaftsweise leisten, wenn man sie lässt. Sie hat dafür die Kompetenzen und auch die Möglichkeiten. Es ist niemand in Sicht, schon gar nicht die einzelne Kommune, der ihre Aufgaben wahrnehmen könnte, wenn es keine Regionalplanung mehr gäbe.

Vollkommen klar ist aber ebenso, dass die Regionalplanung allein eine nachhaltige, zukunftsfähige Region nicht schaffen kann. Das ist nur zu leisten, wenn alle raumbedeutsamen Politikbereiche zusammenarbeiten.

Anmerkungen

[1] Priebs, A.; Scholich, D. (2005): Raumplanung heute. In: VDSG und ARL (Hrsg.): Raumplanung heute - Hintergründe, Herausforderungen, Perspektiven. Bretten, S. 8-11.

[2] Siehe beispielsweise ARL (Hrsg.) (1995): Zukunftsaufgabe Regionalplanung. Forschungs- und Sitzungsberichte der ARL, Bd. 200, Hannover; ARL (Hrsg.) (1999): Grundriss der Landes- und Regionalplanung. Hannover; ARL (Hrsg.) (2005): Handwörterbuch der Raumordnung. Hannover.

[3] Schmitz, G. (2005): Regionalplanung. In. Handwörterbuch der Raumordnung. ARL (Hrsg.), Hannover, S. 963-973.

[4] ARL (Hrsg.) (1995), a.a.o.

[5] Z. B. Region Hannover (Hrsg.) (2005): Regionales Raumordnungsprogramm 2005. Beiträge zur regionalen Entwicklung, Heft 106, Hannover.

[6] Scholich, D. (2005): Herausforderungen für das Regionale Raumordnungsprogramm 2006 für den Großraum Braunschweig aus der Sicht der raumwissenschaftlichen Forschung am Beispiel des demographischen Wandels. In: Dokumentation des Workshops „Anforderungen an das Regionale Raumordnungsprogramm 2006 für den Großraum Braunschweig, Braunschweig.

[7] Siehe beispielsweise aus den 1960er und 1970er Jahren Schwarz, K. (1969): Analyse der räumlichen Bevölkerungsbewegung. Abhandlungen der ARL, Bd. 58, Hannover; ARL (Hrsg.) (1970): Beiträge zur Frage der räumlichen Bevölkerungsbewegung. Forschungs- und Sitzungsberichte der ARL, Bd. 55, Hannover; ARL (Hrsg.) (1970): Bevölkerungsverteilung und Raumordnung. Referate und Diskussionsbericht anlässlich der Wissenschaftlichen Plenarsitzung 1969 in Darmstadt. Forschungs- und Sitzungsberichte der ARL, Bd. 58, Hannover.

[8] ARL (Hrsg.) (1983): Regionale Aspekte der Bevölkerungsentwicklung unter den Bedingungen des Geburtenrückganges. Forschungs- und Sitzungsberichte der ARL, Bd. 144, Hannover.

[9] Z. B. zwischen Siedlungsentwicklung und Natur/Landschaftsschutz oder zwischen Landwirtschaft und Grundwasserschutz.

[10] Vor dem Hintergrund vor allem auch des demographischen Wandels und leerer Kassen der öffentlichen Hand wird zurzeit – wieder einmal – nachdrücklich die Prüfung und Korrektur der bisherigen Leitvorstellung gefordert, z. B. Präsidium der ARL (2005): Gleichwertige Lebensverhältnisse. In: Nachrichten der ARL, Heft 2/2005, Hannover, S. 1-3.

[11] So die Initiative des Landes Hessen zur Abschaffung der bundesrechtlichen Regelungen über das Raumordnungsverfahren – Gesetzesantrag (BR-Drs. 94/06).

[12] ARL (Hrsg.) (2006): Zur Vereinfachung und Beschleunigung von Zulassungsverfahren für Verkehrsprojekte. Positionspapier aus der ARL, Nr. 64, Hannover.

[13] Priebs, A. (2002): Regionalplanung vor alten und neuen Herausforderungen – ein kritisches Resümee des bisher Erreichten. Vortrag bei der zweiten deutschen Regionalplanertagung der ARL in Leipzig, unveröffentlichtes Manuskript.

[14] Siehe Abschn. 5.

[15] Präsidium der ARL (2004): Raumplanung tut Not. In: Nachrichten der ARL, Heft 3/2004, Hannover, S. 1 f.

[16] Anfang 2006 brachte das Land Hessen einen Gesetzesantrag ein, der u. a. das Ziel hatte, künftig bei wichtigen Verkehrsprojekte auf die Durchführung eines Raumordnungsverfahrens (ROV) zu verzichten (siehe FN 10). Der Antrag hatte in der ursprünglichen Form allerdings keinen Erfolg. Zu den Gegenargumenten siehe z. B. FN 11.

[17] Zum Bereich der Raumordnung siehe z. B. ARL (Hrsg.) (2006): Zur Modernisierung der bundesstaatlichen Ordnung. Stellungnahme zu den Verfassungsänderungen zu Art. 72 Abs.3 GG (BT-Drs. 16/813). Positionspapier aus der ARL, Nr. 65, Hannover.

[18] Priebs, A.; Scholich, D. (2005), a.a.o., S. 10.

[19] Zu den nachfolgenden Ausführungen siehe ausführlich ARL (Hrsg.) (2005): Gesellschaftliche Bedeutung und Zukunft der Regionalplanung. Positionspapier aus der ARL, Nr. 61, Hannover, und ARL (Hrsg.) (2006): Die regionale Ebene zukunftsfähig machen! Zu den Verwaltungsreformdiskussionen in den Ländern. Positionspapier aus der ARL, Nr. 63, Hannover.

[20] Zentrales Stichwort ist hier Flächenhaushaltspolitik. Scholich, D. (2005): Flächenhaushaltspolitik. In: Handwörterbuch der Raumordnung. ARL (Hrsg.), Hannover, S. 308-314; Scholich, D. (2003): Denn sie wissen sehr wohl, was sie tun: Aufforderung zur Flächenhaushaltspolitik. In: Th. Kötter; U. Homa; S. Rinsche (Hrsg.): Klaus Borchard - Der Mensch. Bonn; Scholich, D. (2003): Flächenverbrauch - ohne öffentliches Interesse? In: Zibell, B. (Hrsg.): Zur Zukunft des Raumes - Perspektiven für Stadt - Region - Kultur - Landschaft. Band 1 der Schriftenreihe „Stadt und Region als Handlungsfeld", Frankfurt am Main.

[21] Z. B. demographischer Wandel und die damit verbundenen Auswirkungen auf die Wirtschafts- und Sozialstruktur, alternative bzw. erneuerbare Energien, Flächensparen, Kulturlandschaften, Wissensregionen oder Verwaltungsstrukturreformen.

[22] Nach der neuesten BBR-Trendabschätzung der Siedlungsflächenentwicklung soll die tägliche Siedlungsflächenzunahme wieder ansteigen von 93 ha (2003) auf 104 ha (2020). Starke Zuwächse werden im Umland der Großstädte bis weit in die peripheren, ländlichen Räume erwartet. BBR (Hrsg.) (2005): Raumordnungsbericht 2005. Bonn, S. 57.

[23] Zum Beispiel mit der Wasserwirtschaft bei der Umsetzung der Wasserrahmenrichtlinie.

[24] Siehe Abschn. 3.4.

[25] Stichworte sind hier u. a. Regionales Entwicklungskonzept, Stärken-Schwächen-Analyse und strategische Planung.

[26] Es müssen nicht immer die Regionen Hannover und Stuttgart sein. Auch andere Räume bieten zukunftsweisende Lösungen, z. B. die neuen Großkreise in Mecklenburg-Vorpommern.

[27] Was vor allem für die grenzüberschreitende planerische Zusammenarbeit wichtig ist.

[28] Siehe hierzu ausführlicher ARL (Hrsg.) (2006): Die regionale Ebene zukunftsfähig machen! Zu den Verwaltungsreformdiskussionen in den Ländern. A.a.o.

[29] Vallée, D.(2006): Räumliche Planung im Wandel - Welche Instrumente haben Zukunft? Vortrag beim Jungen Forum der ARL am 17.05.2006 in Darmstadt. Unveröffentlichtes Manuskript, S. 5.

Carl-Hans Hauptmeyer

Verkehr im Mittelalter. Das Beispiel Niedersachsen

I.

Die mittelalterliche Kommunkation zwischen den Siedlungskernräumen war unmittelbar abhängig von den naturlandschaftlichen Bedingungen, da weder über erste Anfänge hinausreichender Kunststraßen-[1] noch Kanalbau bekannt, technisch möglich oder wirtschaftlich angemessen waren. Die spätmittelalterlichen Städte leiteten zwar den Verkehr auf ihre Märkte, doch blieben die früh- und hochmittelalterlichen Hauptrichtungen aufgrund der **physiogeographischen Bedingungen** (Relief, Flußverläufe usw.) erhalten[2]. Das Gebiet des heutigen Niedersachsens[3] eignet sich für die Betrachtung mittelalterlicher Verkehrsverhältnisse insofern besonders gut, da der Raum eine Verkehrsdurchgangslandschaft war und weil er - außer dem Hochgebirge - alle wesentlichen europäischen Landschaftstypen umfaßt[4]: die Marsch des Küstensaumes und der Mündungsgebiete von Ems, Weser und Elbe; die Geest samt ihren Mooren und den Urstromtälern der Elbe und Aller-Weser; die Lößbörden; das Berg- und Hügelland mit dem Westharz als Mittelgebirge.

---

[1] Zum im 18. Jahrhundert beginnenden Kunststraßenbau siehe: B. SCHULZE, Die Anfänge des norddeutschen Kunststraßenbaus, in: Blätter für deutsche Landesgeschichte 84, 1938, S. 220-226.

[2] H. DÖRRIES, Entstehung und Formenbildung der niedersächsischen Stadt, in: Forschungen zur Deutschen Landes- und Volkskunde 27/2, 1929, S. 79-266, hier S. 108-117.

[3] Überblick: C.-H. HAUPTMEYER. Niedersachsen. Landesgeschichte und historische Regionalentwicklung im Überblick, 2004.

[4] Zur allgemeinen Verkehrsgeschichte des Mittelalters vgl. die Übersichtsdarstellungen: R. S. LOPEZ, The commercial revolution of the middle ages 950-1350, 1976; M. M. POSTAN, Medieval Trade and Finance, 1973.

Naturräume in Niedersachsen

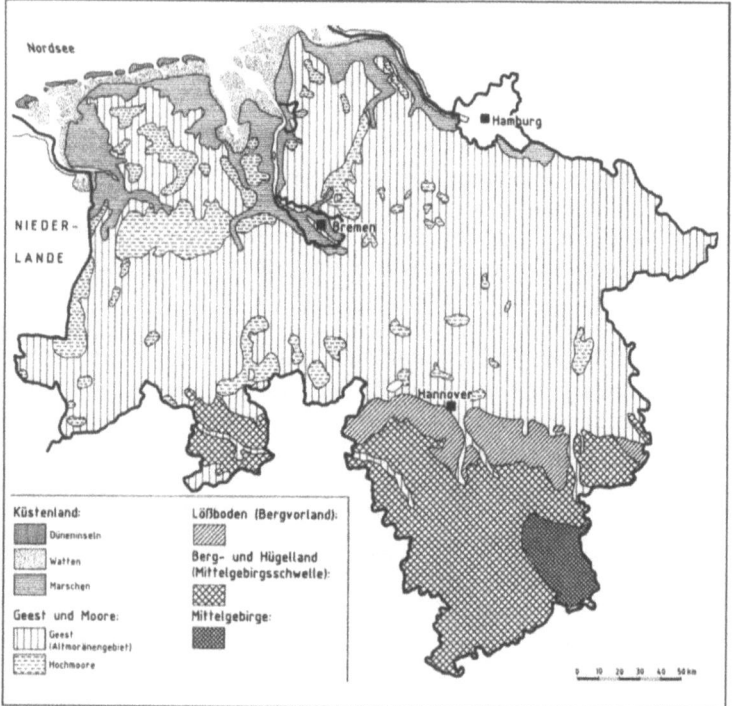

Quelle: Hans-Heinrich Seedorf/ Hans-Heinrich Meyer: Landeskunde Niedersachsen, Neumünster 1992.

Von dem Naturpotential, das den Menschen zur Verfügung stand, gewährten die ohnehin eher raren Bodenschätze bis weit in die Neuzeit geringe wirtschaftliche Anreize, mußten sie doch sehr oberflächennah anstehen, um unter den mittelalterlichen Bedingungen genutzt werden zu können. Die Erze des Rammelsberges und das Salz Lüneburgs bildeten Ausnahmen, die für die wirtschaftliche Bedeutung des mittelalterlichen Niedersachsens Höhepunkte setzten. Vereinzelt wurde im Berg- und Hügelland oder in der Geest (Raseneisenstein) Eisen gewonnen. Holz und Holzkohle waren leichter zugängliche Brennstoffe. Torf zum Heizen, Ton zur Töpferei und zur Backsteinherstellung, Kalke, Sande oder Steine zum Bauen standen nicht in allen Landstrichen, vergleichsweise aber an vielen Orten zur Verfügung. Nur im "Pötjerland" - zwischen Weser und Leine östlich und nördlich des Sollings - gewannen die Tonwarenherstellung und im Solling selbst die Glasproduktion am Ausgang des Mittelalters eine gewisse überregionale Bedeutung. Neben der Landwirtschaft und den direkt Landwirtschaftsgebundenen Nahrungsmittelgewerben hing die Mehrzahl der übrigen Produktionsbereiche weniger von hiesigen Bodenschätzen als von forst- und landwirtschaftlich erzeugten Rohstoffen ab, wie Holz (als Bau-, Werk- und Brennstoff), Viehprodukten (auch Knochen, Felle) oder Gewerbepflanzen (insbesondere Lein). Über die der exakte topographischen Lage mittelalterliche Verkehrswege sind wir schlecht unterrichtet. Die schriftlichen Quellen verraten hierzu wenig und fließen erst nach 1300 reichlicher[5]. Manche Forscher schließen daher - methodisch oft unzulässig - von den zahlreichen Quellen der frühen Neuzeit oder den aktuellen kulturlandschaftlichen Relikten direkt auf das Mittelalter[6]. Befriedigende Ergebnisse liefern hingegen nur Gesamtanalysen der raren zeitgenössischen schriftlichen Quellen, der Altkarten und der archäologischen Zeugnisse. Denecke hat ausführlich die anzuwendenden Methoden zur Erfassung und Interpretation des heterogenen Quellenmaterials vorgestellt und regional überprüft[7]. Doch fehlen entsprechende Anschlußuntersuchungen. Selbst die exakten Verläufe der Flüsse, die meist unbefestigt frei in ihrem Bett mäandrierten, sind nur annäherungsweise bekannt. Über Einzelfragen wie z.B. die Auswirkungen der während der hochmittelalterlichen Rodungsphase stattfindenden Ablagerungen von abgeschwemmten Böden auf die gefälleärmeren, schiffbaren Flußteile und deren Auen (Auelehmakkumulation), die Folgen der erhöhten Erosion während der Wüstungsphase in der Mitte des 14. Jahrhunderts oder der wahrscheinlich leicht steigenden Niederschlagsmengen während des späten Mittelalters[8], sind wir kaum informiert.

Einfach abzuleitende allgemeinere Kenntnisse über den mittelalterlichen Verkehr sind dagegen umfangreich vorhanden[9]. Lüneburger Salz, Braunschweiger Metallartikel, Goslarer Kupfer, Einbecker Bier, Osnabrücker Leinwand wurden

---

[5] F. BRUNS, H. WEZCERKA, Hansische Handelsstraßen (Quellen und Darstellungen zur hansischen Geschichte NF. 13,2), 1967, S. 52.

[6] So bereits das älteste und daher vielzitierte Werk von A. HERBST, Die alten Heer- und Handelsstraßen Südhannovers und angrenzender Gebiete nach archivalischen Material auf geographischer Grundlage dargestellt (Landeskundliche Arbeiten des Geographischen Seminars der Universität Göttingen 2), 1926.

[7] D. DENECKE, Methodische Untersuchungen zur historisch-geographischen Wegeforschung im Raum zwischen Solling und Harz. Ein Beitrag zur Rekonstruktion der mittelalterlichen Kulturlandschaft (Göttinger Geographische Abhandlungen 54), 1969.

[8] H. MENSCHING, Bodenerosion und Auelehmbildung in Deutschland, in: Deutsche gewässerkundiche Mitteilungen 1, 1957, S. 110-114; H. FLOHN, Klimaschwankungen in historischer Zeit, in: H. VON RUDLOFF, Die Schwankungen und Pendelungen des Klimas in Europa seit dem Beginn der regelmäßigen Instrumentenbeobachtung 1670 (Die Wissenschaft 22), 1967, S. 81-90; generell R. GLASER, Klimageschichte Mitteleuropas. 1000 Jahre Wetter, Klima, Katastrophen, 2001.

[9] Zur Verkehrssituation der einzelnen Städten jeweils ausführlich E. KEYSER, Niedersächsisches Städtebuch (Deutsches Städtebuch 3, 1), 1952.

weit über den niedersächsischen Raum hinaus vertrieben. Die Transportwege des Einbecker Bieres[10] oder des Lüneburger Salzes[11] sind z.B. genau nachgezeichnet worden. Aus Urkunden läßt sich gut belegen, welche bestimmten Handelsgüter die eine Stadt mit anderen austauschte oder welche Etappenorte von den Händlern angestrebt wurden. Gütermengen, ja Quantitäten generell, sind jedoch nur im seltensten Fall zu ermitteln. Ergänzend helfen Berichte über Heereszüge und insbesondere Königs- oder Fürstenitinerare[12]. So mangelt es nicht an Karten, die für einzelne Städte oder einzelne Produkte die Handelswege nachzeichnen. Die vielfältigsten Informationen liefert der Atlas hansischer Handelsstraßen[13].

II.

Die Städte gediehen an den wichtigen, Niedersachsen durchquerenden **Routen** vornehmlich dort, wo der Verkehr den mittelalterlichen technischen Bedingungen gemäß gebrochen werden mußte, weil ein Flußtal überschritten oder eine landschaftliche Grenze zu überwinden war. Umladen war notwendig. Das beste Beispiel hierfür liefert Bremen als Fähr- und Brückenort und als Umschlagsplatz zwischen See- und Landverkehr, im Lauf der Zeit auch wachsend vom Seeschiffs- zum Binnenschiffsverkehr. Der Hafen an der Balge - vor dem Marktplatz und in unmittelbarer Nähe zum Weserübergang - gedieh zu einer "Nahtstelle zwischen dem Überland- und dem Schiffsverkehr"[14]. Viele an größeren Flüssen gelegene Städte bemühten sich insbesondere im 13. Jahrhundert, durch den Bau einer Brücke den Landverkehr zu beschleunigen, so auch Bremen 1244[15]. Die meisten dieser Verkehrsknotenpunkte besaßen bereits für die hochmittelalterliche Herrschaftsausbildung Bedeutung, weil von diesen Plätzen aus am leichtesten weite Terrains kontrolliert werden konnten. Das gilt zum einen

---

[10] E. PLÜMER, Einbecks mittelalterlicher Bierhandel, in: Hansische Geschichtsblätter 99, 1981, S. 10-32, insbesondere Karte 2 f., S. 16 f.

[11] C. LAMSCHUS, Auf den Spuren des Salzes in Lüneburg, 1985.

[12] Beispielhaft: D. DENECKE, Göttingen im Netz der mittelalterlichen Verkehrswege, in: DERS., H. M. KÜHN (Hg.), Göttingen, Geschichte einer Universitätsstadt 1, 1987, S. 346-391, hier S. 384-387.

[13] BRUNS, WEZCERKA (wie Anm. 5), Atlas.

[14] F. PRÜSER, Die Balge. Bremens mittelalterlicher Hafen, in: Städtewesen und Bürgertum als geschichtliche Kräfte. Gedächnisschrift für fritz Rörig, 1953, S. 477-488, hier S. 477-480, Zitat S. 480; H. SCHWARZWÄLDER, Geschichte der freien Hansestadt Bremen 1, 1975, S. 18 f.; als populärwissenschaftlicher Überblick: K. LÖBE, Seeschiffahrt in Bremen, 1989, S. 55-125.

[15] E. PITZ, Wirtschafts- und Sozialgeschichte Deutschlands im Mittelalter (Wissenschaftliche Paperbacks 15), 1979, S. 107.

für die niedersächsischen Bischofssitze Bremen (-Hamburg), Osnabrück, (Minden), Verden und Hildesheim[16], wie zum anderen für Hauptorte adliger Geschlechter: z.b. Gandersheim (Liudolfinger), Lüneburg (Billunger), Braunschweig (Brunonen/Welfen), in gewisser Weise auch Goslar (salische Könige/Kaiser)[17]. Die Flußübergänge der Aller, wie bei Gifhorn, Wilsche, Wienhausen, Altencelle, Winsen, Essel, Rethem und Verden, und an der Unterweser, wie bei Dörverden, Hoya, Kirchweyhe, Vegesack, Bremen, Elsfleth, schließlich an der Elbe, wie bei Stade, Buxtehude oder Bardowick, gehen alle bereits auf das frühe Mittelalter zurück[18].

Vor der Vollentwicklung des Städtewesens, also bis weit in das 12. Jahrhundert, war der Verkehr weniger intensiv, allerdings im Prinzip ähnlich gerichtet gewesen wie in späteren Zeiten. Pfalzen wie Grone oder Werla, Bischofssitze, wie Bremen oder Hildesheim, große Klöster, wie Gandersheim oder Helmstedt, Zentren von Villikationen, wie Meppen, lagen im Mittelpunkt[19]. Bedeutungsvoll war z.B. im 10. und 11. Jahrhundert der Hellweg, der West-Ost-Weg von den Pfalzen am Niederrhein zu den Pfalzen im Umkreis des Harzes[20]. Eine räumliche Verdichtung des Verkehrs deutet sich bereits zu jener Zeit in südlichen Niedersachsen und im Harzvorland an. Allerdings verharrte der niedersächsische Raum bis zum 12. Jahrhundert in einer Grenzlage[21]. Wenngleich die Hauptverkehrslinien hernach gleich blieben, veränderten sich bisweilen die Be-

---

[16] K.-G. KUCHENBECKER, Die geschichtliche Entwicklung der Fernwege im südöstlichen Niedersachsen unter Berücksichtigung ingenieurmäßiger Gesichtspunkte, Diss. ing. Braunschweig 1969, S. 84.

[17] Ebd., S. 7.

[18] F. TIMME, Grundzüge eines älteren Verkehrsnetzes in dem Gebiete zwischen Aller/Weser und Elbe, in: Stader Jahrbuch 1964, S. 61-85, hier S. 62.

[19] H. J. QUERFURTH, Wirtschafts- und Verkehrsgeschichte, in: R. MODERHACK (Hg.), Braunschweigische Landesgeschichte im Überblick (Quellen und Forschungen zur braunschweigischen Geschichte 23), 1976, S. 179-209, hier S. 181; G. SPELLERBERG, Beitrag zur geschichtlichen Entwicklung des Wege- und Straßennetzes im Raum zwischen der oberen Weser und dem westlichen Harzrand unter Berücksichtigung straßenbautechnischer Gesichtspunkte, Diss. ing. Braunschweig 1966, S. 19; KUCHENBECKER (wie Anm. 16), S. 84.

[20] A. K. HÖMBERG, Probleme der Reichsgutforschung in Westfalen, in: Blätter für deutsche Landesgeschichte 96, 1960, S. 1-21, hier S. 1 ff.; siehe dazu auch: W. METZ, Probleme der fränkischen Reichsgutforschung im sächsischen Stammesgebiet, in: Niedersächsisches Jahrbuch für Landesgeschichte 31, 1959, S. 77-126, insbesondere Karte 1, S. 112.

[21] PITZ (wie Anm. 15), S. 109.

dingungen für einzelne Orte. Das beste Beispiel dürfte Bardowick sein[22]: vom 9. bis zum 12. Jahrhundert war der Ort wichtigster Vermittlungsplatz zum slavischen Raum, aber seit der Förderung Lübecks durch Heinrich den Löwen 1158/59 übernahm diese Stadt die Aufgabe des Warenaustauschs nach Osten. Nachdem Heinrich der Löwe 1189 Bardowick gar hatte zerstören lassen, konnte dieser alte Handelsplatz vor den Toren des expandierenden Lüneburgs nie wieder an die ehemals zentrale Stellung als Osthandelseckpunkt anknüpfen. Ein weniger spektakuläres Beispiel liefert Goslar. Die enstehende Stadt war im hohen Mittelalter eine Vorort des Reiches. Als diese Funktion verlorenging, stand sie wie der nahe Bischofssitz Hildesheim hinter dem Fernhandels- und Gewerbezentrum Braunschweig zurück, blieb aber in der zentralniedersächsischen Verkehrslandschaft immer noch bedeutend, insbesondere durch den Metallhandel[23].

Vieles spricht dafür, daß früh- und hochmittelalterliche Landverkehrswege kürzeste Verbindungen ziehende Höhenwege auf Gebirgsrücken, Talschultern oder Terrassenrändern waren, die aufgrund der niedrigen Transportgeschwingigkeit und des raschen Wasserabflusses bevorzugt wurden[24]. Erst die Entstehung eines dichten Nahmarktnetzes, in das die im Spätmittelalter hinzutretenden vielen kleinerer Städte einbezogen waren, verlegte den Verkehr von den Höhen herab[25]. Da große ungerodete Gebiete die Siedlungsinseln trennten und selbst die seefahrenden Friesen und Normannen nur flachgehende Schiffe benutzten, dürfte der Transport auf den Flüssen eine relativ höhere Bedeutung als im Spätmittelalter besessen haben.

III.

Die Könige des Hochmittelalters erhoben die Forderung, Herren der Wege zu sein. Die Durchsetzung dieses Regals verpflichtete zu Sicherungseinrichtungen des Landverkehrs, an die allerdings Einnahmen geknüpft wurden: **Zoll, Geleit,**

---

[22] U. REINHARDT, Bardowick-Lüneburg-Lübeck, in: Lübeck 1226. Reichsfreiheit und frühe Stadt, 1976, S. 207-225, hier S. 208-218; H. BÄCHTOLD, Der norddeutsche Handel im 12. und beginnenden 13. Jahrhundert (Abhandlungen zur mittleren und neueren Geschichte 21), 1910, S. 169, 287 ff.

[23] W. BORNSTEDT, Die alten Heer- und Handelsstraßen im Großraum Braunschweig (Landkreis Braunschweig, Denkmalpflege und Kreisgeschichte 12), 1969, S. 14; BÄCHTOLD (wie Anm. 22), S. 144-152.

[24] So bereits HERBST (wie Anm. 6), S. 137 f.

[25] D. DENECKE, Methoden und Ergebnisse der historisch-geographischen und archäologischen Untersuchung und Rekonstruktion mittelalterlicher Verkehrswege, in: H. Jankuhn, R. Wenskus, Geschichtswissenschaft und Archäologie (Vorträge und Forschungen 22), 1979, S. 433-483, hier S. 455 ff.

Verkehr im Mittelalter. Das Beispiel Niedersachsen

Straßenzwang und **Stapelrecht**. Faktisch konnten aber die großen Landverkehrswege, die sogenannten Königsstraßen, nicht vom König und seinen Getreuen geschützt werden, so daß dieses Recht spätestens seit dem Ende der Stauferzeit (Mitte des 13. Jahrhunderts) an die ihre Macht etablierenden Territorialfürsten überging[26]. Diese zeigten eher ein Interesse an guten Einnahmen und sorgten sich weniger um Sicherheit und guten, passierbaren Zustand von Wegen und Flüssen. Hochmittelalterliche Traditionen wirkten fort, wenn die Fernwege, die unter besonderem königlichen Schutz standen, allmählich unter landesherrliche Rechtsaufsicht gerieten, während die Kontrolle über weniger bedeutende Ortsverbindungen weiterhin die lokalen Herrschaftsträger ausübten[27]. Zwar begab sich jeder Reisende auf eigene Gefahr auf den Weg, doch hatte der jeweilige Herr des Wegeabschnitts das Geleit zu garantieren, also durch Schutz und Schirm den Wegefrieden zu sichern sowie Verkehrsbehinderungen und Raub zu bekämpfen.

Die Gewährung des Geleits bot zugleich die Rechtsbasis für die Erhebung eines Zolls[28]. Im Leinebergland zwischen Solling und Harz reihten sich die spätmittelalterlichen Zollstellen in Abständen von ca. 10 km[29]. Zolleinnahmen sollten strenggenommen der Wegeunterhaltung und der Sicherheit der Wegebenutzer zugutekommen. Doch da bereits im 9. und 10. Jahrhundert nicht mehr nur der König, sondern auch die Bischöfe Zölle erheben durften, da seit dem 11. Jahrhundert Zollvergaben an weltliche Fürsten belegbar sind und die Goldene Bulle 1356 schließlich allen Kurfürsten das Zollprivileg erteilte, geriet der Zoll zu einer allgemeinen Handelsbelastung, ohne gute und sichere Wege zu gewähren[30]. Wichtige Zollplätze besaßen zumeist das **Stapelrecht**, das wiederum mit dem Straßenzwang einherging[31]. Beide Privilegien sollten den Verkehr auf den Markt einer Stadt konzentrieren, so daß die dortigen Kaufleute sich am interre-

---

[26] BRUNS, WECZERKA (wie Anm. 5) S. 37-40; E. GASNER, Zum deutschen Straßenwesen von der ältesten Zeit bis zur Mitte des 17. Jahrhunderts. Eine germanistisch - antiquarische Studie, 1889, S. 48.

[27] DENECKE (wie Anm.25), S. 459.

[28] H.-A. FRIEHE, Wegerecht und Wegeverwaltung in der alten Grafschaft Schaumburg. Ein Beitrag zur Geschichte des deutschen Wegerechts (Archiv für die Geschichte des Straßenwesen 3), 1971, S. 103-106.

[29] DENECKE (wie Anm. 7), S. 119-124.

[30] O. STOLZ, Zur Entwicklungsgeschichte des Zollwesens innerhalb des alten Deutschen Reiches, in: Vierteljahresschrift für Sozial- und Wirtschaftsgeschichte 41, 1954, S. 1-41, hier S. 8-19. D. HÄGERMANN, 1100 Jahre Münze, Markt und Zoll in Bremen. Anmerkungen zu Wirtschaft und Verkehr im Frühmittelalter, in: Bremisches Jahrbuch 69, 1990, S. 21-44.

[31] Ebd., S. 22 f.

gionalen Warenstrom beteiligen konnten, eine gute Versorgung der Stadt gewährleistet war und im übrigen auch der fremde Kaufmann das Warenangebot der besuchten Stadt in Augenschein nehmen konnte[32]. Bestimmte Produkte mußten gemäß herrschaftlicher Privilegien oder schlichter Usurpation unterschiedlich lange in der Stadt feilgeboten werde; ein Umfahren der Stadt wurde so gut wie möglich verhindert[33]. Letztlich war das Stapelrecht ein „Recht des Stärkeren"[34]. Die größeren Städte schlossen daher häufig Verträge untereinander, die den Stapel- oder Zollzwang wenigstens teilweise aufhoben. Dann trat aber alsbald die städtische Einfuhr- und Konsumsteuer der Akzise hinzu, die - so von Bremen - bisweilen schon in der Mitte des 14. Jahrhunderts auf Einfuhrgüter wie Wein oder Mühlenprodukte erhoben wurde[35]. Sollten zwar alle diese Maßnahmen den Verkehr schützen, so reichte der Schutz nie aus. Straßenraub blieb ein charakteristisches Übel des mittelalterlichen Überlandverkehrs. Doch boten Kapellen, Klausen, Armen- und Siechenhäuser Schutz und Einkehr[36].

IV.

Im Durchschnitt war der mittelalterliche **Wegezustand** schlechter als derjenige der spätantiken Römerstraßen Süddeutschlands[37]. Dennoch kann angenommen werden, daß die Landwege des späten Mittelalters aufgrund des Handelsinteresses der Städte bisweilen besser passierbar waren als während der frühen Neuzeit bis zum Beginn des Chausseebaus[38]. Pflasterungen gab es allerdings nur in den Städten und ggf. in ihrem unmittelbaren Umland[39]. Für die mittelalterlichen

---

[32] G. W. HEINZE, H.-M. DRUTSCHMANN, Raum, Verkehr und Siedlung als System, dargestellt am Beispiel der deutschen Stadt des Mittelalters (Vorträge und Studien des Instituts für Verkehrswissenschaft der Universität Münster 17), 1977, S. 27 f.

[33] A. PETERS, Die Entstehung des Lüneburger Stapels, in: Niedersächsisches Jahrbuch für Landesgeschichte 11, 1934, S. 61-92; J.D. VON PEZOLD, Das Stapelrecht der Stadt Münden 1247- 1824, in: Niedersächsisches Jahrbuch für Landesgeschichte 70, 1998, S. 53-71.

[34] O. GÖNNEWEIN, Das Stapel- und Niederlagsrecht (Quellenfund Darstellungen zur hansischen Geschichte NF. 11), 1939, S. 359.

[35] A. SCHMIDTMAYER, Zur Geschichte der bremischen Akzise, in: Bremisches Jahrbuch 37, 1937, S. 64-79, hier S. 65 ff.

[36] DENECKE (wie Anm. 7), S. 138-143.

[37] U. TROITZSCH, Die technikgeschichtliche Entwicklung der Verkehrsmittel und ihr Einfluß auf die Gestaltung der Kulturlandschaft, in: Siedlungsforschung 4, 1986, S. 127-143, hier S. 130.

[38] HEINZE, DRUTSCHMANN (wie Anm. 32), S. 36.

[39] GASNER (wie Anm. 26), S. 125, 131.

Verkehr im Mittelalter. Das Beispiel Niedersachsen

Landverkehrsverbindungen ist daher der Begriff „Straße" irreführend[40]. Die meisten mittelalterlichen Landverbindungen waren unbefestigte Erdwege ohne Seitengrabenentwässerung, die bestenfalls mit Sand oder Geröll aufgeschüttet[41] oder in Feuchtgebieten mit querlaufenden Bohlen geschützt wurden[42]. Auf dem Lande wurden die dem Landesherrn zu leistenden bäuerlichen Hand- und Spanndienste zum Wegebau und zur Reparatur genutzt, während für Fernwege Klausner, die in Einsiedeleien am Wegesrand lebten, bisweilen diese Aufgabe neben den karitativen wahrzunehmen hatten[43]. Viele Wegbauarbeiten wurden von Landes- und Grundherren also delegiert[44], so daß ein höchst unterschiedlich gestaltetes Wegenetz der Normalfall gewesen sein dürfte[45]. Wo sie es konnten, versuchten die Städte die Sorge um sichere und gute Wege zu übernehmen[46], ja entwickelten ein dem Marktfrieden ähnliches eigenes Geleitswesen, das oft mehr Schutz bot als das landesherrliche oder adlige. Trotz allem: auf Wegen unterwegs zu sein, war zeitraubend und bisweilen gefährlich[47].

Alle Wege blieben, wie Rechtsquellen zu entnehmen ist, zudem schmal. Gemarkungswege erreichten nur eine Breite von 0,5 bis 2 m, sofern sie nicht als Viehtriften dienten und deshalb leicht 10 m und mehr maßen. Nahverkehrswege waren zumeist 1,5 bis 3 m breit und nur die öffentlichen Fernwege und Heerstraßen, die Königstraßen, gingen mit 4 bis 9 m darüber hinaus[48]. Die Achsstände der Räder waren nicht normiert und entsprachen regionalen Handwerkstraditionen. War eine Wagenspur ausgefahren oder unpassierbar, fuhr man ne-

---

[40] DENECKE (wie Anm. 25), S. 434.

[41] HEINZE, DRUTSCHMANN (wie Anm. 32), S. 37.

[42] H. HAYEN, Zur Bautechnik und Typologie der vorgeschichtlichen, frühgeschichtlichen und mittelalterlichen hölzernen Moorwege und Moorstraßen, in: Oldenburger Jahrbuch 56, 1957, S. 83-170.

[43] DENECKE (wie Anm. 25), S. 448.

[44] GASNER (wie Anm. 26), S. 94 f., 113.

[45] DENECKE (wie Anm. 7), S. 72-83.

[46] H. SCHMIDT, Der Einfluß der alten Handelswege in Niedersachsen auf die Städte am Nordrande des Mittelgebirges, in: Zeitschrift des historischen Vereins für Niedersachsen, 1896, S. 443-518, hier S. 455.

[47] A. HAFERLACH, Das Geleitswesen der deutschen Städte im Mittelalter, in: Hansische Geschichtsblätter 20, 1914, S. 1-172, hier S. 2 f.; K.-H. ZIESSOW, „Durch eine der plattesten und meilenlange Ebene fortgeschleppt". Raumerfahrungen auf ländlichen Wegen vom Mittelalter bis zum 19. Jahrhundert, in: DERS. (Hg.), Auf Achse. Mobilität im ländlichen Raum, 1998, S. 37-86.

[48] DENECKE (wie Anm. 25), S. 453; ähnlich HEINZE, DRUTSCHMANN (wie Anm. 32), S. 37.

ben der bisherigen Spur. So änderten sich die Detailtrassen oft binnen kurzem, und Alternativrouten waren üblich[49].

In den Städten war der Zustand der Straßen gemeinhin weit besser. Hier aber dienten sie keineswegs nur dem Verkehr. Sie waren Arbeitsplatz, Treffpunkt, Spielplatz und Mülldeponie in einem[50]. Alle wichtigen Örtlichkeiten waren selbst in größeren Städten rasch zu Fuß erreichbar[51]. Die aus Braunschweig, Bremen, Celle, Duderstadt, Göttingen, Goslar, Hildesheim[52] und Lüneburg[53] bekannten Straßensperren, die durch Bäume oder Ketten die Stadtviertel voneinander trennten, dienten offensichtlich nicht wirtschaftlichen Zwecken, sondern waren aus stadtinternen und externen militärischen Gründen errichtet[54].

V.

Die Entfaltung des Städtewesens brachte keine grundlegende Veränderung der **Transportmittel** mit sich. Bis in das 10. Jahrhundert dürften Ochsengespanne auf den Landwegen dominiert haben, und bis zum 15. Jahrhundert wurden dem mehrspannigen Frachtwagen weiterhin die Saumtiere Pferd und Esel oder der zweirädrige pferdebespannte Karren vorgezogen[55]. Das Kummetgeschirr verbesserte allerdings die Ausnutzung der Pferdezugkraft und die Sturzfelge die Zuladung der Wagen[56]. Von den zumeist in Leinenballen oder Holzfässern verpackten Waren konnte ein Pferd 10 bis 15 dz ziehen, aber höchstens 4,5 dz tragen. Die mittleren Transportentfernungen lagen bei 30 km pro Tag, und lediglich Eilfuhren auf den Haupthandelswegen überwanden eine Tagesdistanz von

---

[49] DENECKE (wie Anm. 25), S. 453 f.

[50] HEINZE, DRUTSCHMANN (wie Anm. 32), S. 32; I. TSCHIPKE, Lebensformen in der spätmittelalterlichen Stadt. Untersuchungen anhand von Quellen aus Braunschweig, Hildesheim, Hameln und Duderstadt (Schriftenreihe des Landschaftsverbandes Südniedersachsen 3), 1993, S. 19-28.

[51] HEINZE, DRUTSCHMANN (wie Anm. 32), S. 29, 45.

[52] R. ROSENBOHM, Die Straßensperren in den niederdeutschen Städten. Ein Beitrag zum Befestigungswesen der mittelalterlichen Stadt, in: Lüneburger Blätter 9, 1958, S. 21-37, hier S. 25 ff.

[53] H. DUMRESE, Die mittelalterlichen Straßensperren in Lüneburg, in: Lüneburger Blätter 9, 1958, S. 9-20, hier S. 17 f.

[54] ROSENBOHM (wie Anm. 52), S. 33-36.

[55] BRUNS, WECZERKA (wie Anm. 5), S. 46; B. PLOETZ, Überlandverkehr im Gebiet des Fürstentums Lüneburg, in: Lüneburger Blätter 11/12, 1961, S. 67-147, hier S. 74 ff.

[56] D. ELLMERS, Wege und Transport: Wasser, in: Stadt im Wandel 3, 1985, S. 243-255, hier S. 245.

50 km[57]. Durchschnittsgeschwindigkeiten von 4 km/h, also gemessenes Fußgängertempo, wurde bei Warentransporten kaum überschritten[58]. Auch wenn Städte, Markt- und Rastorte wohl nie allein nach der vom Verkehr an einem Tag zu bewältigenden Entfernung angelegt wurden[59], so zwangen die Verkehrsbedingungen doch zu Planungsmaximen nach dem Motto „Dezentralisierung so viel wie möglich und Konzentration so viel wie nötig"[60].

Eine für das mittelalterliche Verkehrswesen wichtige Wandlung setzte nicht im Landverkehr, sondern im parallel zur Küste betriebenen **Seeschiffsverkehr** ein. Die Koggen des 14. Jahrhunderts ließen - nach mittelalterlichen Maßstäben - erstmals Massentransporte über See zu[61]. Ebbe- und Flutströmungen erleichterten das Aus- und Einlaufen in die Häfen an den Flußästuaren, doch stellten Inseln, Sandbänke und Stromschlingen vor große Probleme. Hatten die Friesen im frühen 9. Jahrhundert noch den mittleren Leinebereich mit ihren flachen, seegehenden Schiffen erreicht[62], so setzte das Ausgleiten der Tiden bei Hamburg und Bremen den nunmehr größeren Seeschiffen den Endpunkt[63]. Der Zwang zum Umladen wurde also auch durch Entwicklungen des Schiffbaus hervorgerufen. Die einmastigen Koggen[64] waren aus zunächst längsgespaltenen Einbäumen hervorgegangen, die mit ihrem flachen Boden auf dem Watt trockenfallen konnten. Doch erst die Verwendung des Heck- statt des achtern liegenden Seitenruders (Firrer) ab Mitte des 13. Jahrhunderts ermöglichte eine differenzierte Besegelung zur Nutzung seitlich auftreffender Winde. Seit dem 14. Jahrhundert wurden Deckaufbauten und Kajüten mit Abort für die Schiffsführung errichtet. Die Mannschaft mußte sich wie bisher mit offenen Unterschlupfen am Vorschiff begnügen. Die Tragfähigkeit der Koggen stieg schließlich auf 100 t. Doch waren

---

[57] BRUNS, WECZERKA (wie Anm. 5), S. 47.

[58] HEINZE, DRUTSCHMANN (wie Anm.32), S. 38.

[59] Ebd., S. 47.

[60] Ebd., S. 59.

[61] PITZ (wie Anm.1), S. 108.

[62] D. ELLMERS, Schiffe auf der Weser zur Hansezeit. Neue Ergebnisse der Schiffsarchäologie, unter besonderer Berücksichtigung Südniedersachsens, in: K. FRIEDLAND, D. ELLMERS (Hg.), Städtebund und Schiffahrt zur Hansezeit in Südniedersachsen, 1981, S. 21-49, hier S. 37.

[63] F. W. ACHILLES, Dynamik und Beharrung im nordwestdeutschen Küstenraum. Hafengunst und -ungunst an der Nordseeküste, in: Deutsches Schiffahrtsarchiv 3, 1980, S. 195-218, hier S. 198.

[64] ELLMERS, (wie Anm. 52), S. 37-44; D. ELLMERS, Es begann mit der Kogge. Neue Forschungsergebnisse zur Schiffahrt der Hanse, in: Stadt und Handel im Mittelalter. Der Stader Raum zur Hansezeit 12.-16. Jahrhundert, 1980, S. 21-33, hier S. 22-31.

die Schiffe nunmehr so hochbordig, daß sie nur noch beladen oder mit Ballast fahren konnten. Die in Bremen 1962-65 geborgene Kogge aus der Zeit von ca. 1380 zeigt den Endpunkt einer langen Entwicklung: ein Schiff von 23 m Länge, 7,5 m Breite und 4,6 m Seitenhöhe. Mit der Verbesserung der Schiffskonstruktionen und der Vermehrung des Schiffsverkehrs ging eine genauere Navigation[65] durch Seezeichen, Leuchttürme, Fahrwasserbetonnungen und die Verwendung des Lotes sowie des Kompasses[66] einher. Zu Beginn des 15. Jahrunderts wurde der breitere und flachere Hulk, der größere Frachtmengen transportieren konnte[67], ein ernsthafter Konkurrent der Kogge. Schließlich wichen beide bis zum Jahrhundertende den geräumigen Dreimastern[68]. Deren Vorform war u.a. die in Ostfriesland bereits im 14. Jahrhundert bekannte Baardse, die zunächst gerudert, dann an einem Mast gesegelt wurde und im Laufe des 15. Jahrhunderts zwei schwächere Zusatzmasten erhielt[69]. Als der Heringsfang in der Ostsee im 14. Jahrhundert durch Überfischung rückläufig wurde, war der Bau hochseegängiger Schiffe zum Befahren der nördlichen Nordsee zusätzlich nötig. Hierfür eignete sich die in den Niederlanden seit 1326 nachweisbare Büse, deren Weiterentwicklung sich im 15. Jahrhundert rasch ausbreitete[70]. Bereits an Bord wurden die Fische ausgenommen und gesalzen. Nicht nur die Verdrängung der Kogge durch den Hulk und Dreimaster, sondern auch der Einsatz der Büsen erleichterten es den Niederländern, erfolgreich mit den Transportmitteln der hansischen Kaufleute zu konkurrieren und sie schließlich zu verdrängen.

Es darf nicht angenommen werden, daß unter der wachsenden Verkehrsintensität des späten Mittelalters auch im Binnenland der Wasserverkehr einfacher als der Landverkehr zu bewältigen gewesen wäre[71]. Vielleicht trug die Tatsache, daß Lübeck bis zum Bau des Stecknitzkanals (1390-1398) vom Binnenland her nur mit Landverkehrsmitteln erreicht werden konnte, zu einer relativen Bevor-

---

[65] P. HEINSIUS, Das Schiff der hansischen Frühzeit (Quellen und Darstellungen zur hansischen Geschichte NF. 12), 1956, S. 253.

[66] ELLMERS (wie Anm. 54), S. 30.

[67] HEINSIUS (wie Anm.55), S. 251.

[68] ELLMERS (wie Anm.52), S. 44; ELLMERS (wie Anm. 54), S. 29 ff.

[69] H. STETTNER, Baardsen. Ein Beitrag zur spätmittelalterlichen Schiffahrtsgeschichte unter besonderer Berücksichtigung Ostfrieslands, in: Jahrbuch der Gesellschaft für bildende Kunst und vaterländische Altertümer zu Emden 60, 1980, S. 20-32, hier S. 20-26.

[70] H. STETTNER, Die niederländische und Emder Fischerei mit Büsen und ihre Darstellung insbesondere auf alten Fliesen, Giebelsteinen und Graphiken, in: Deutsches Schiffahrtsarchiv 2, 1978, S. 164-180, hier S. 165 f.

[71] So z.B. PITZ (wie Anm.15), S. 66, 108.

zugung der Wege gegenüber der **Binnenschiffahrt** bei[72]. Im übrigen sprechen allein die noch frei in ihrem Bett mäandrierenden Bach- und Flußläufe mit ihren Riffs, Versandungen und Strömungen sowie die witterungsabhängigen Wechsel zwischen Hoch- und Niedrigwasserzeiten gegen eine Nutzung der Flüsse über das Notwendigste hinaus. Oft blieben die Uferwege unbefestigt, so daß das Treideln erschwert war. Mühlen, Fischereirechte, Be- und Entwässerungseinrichtungen hinderten den Verkehrsfluß, ganz zu schweigen von den Hindernissen wie Zollstellen und Stapelplätze. Dem Landesherrn waren Geleitsgelder zu zahlen, vielleicht mußten gar Willegelder entrichtet werden, um einen Fluß überhaupt befahren zu dürfen. Verunglückte ein Schiff, konnte sich der örtliche Herr die Ladung aneigenen (Grundruhr)[73]. Ein reichsweites Verbot 1220 wurde kaum befolgt[74] und erst in der ersten Hälfte des 16. Jahrhunderts faktisch durchgesetzt[75]. So verwundert es nicht, wenn nur Massengüter (insbesondere Getreide), für die ein Landtransport viel zu aufwendig gewesen wäre, auf dem Wasserweg befördert wurden. Die Kosten des Land-, Binnenschiffs- und Seeschiffsverkehrs standen etwa im Verhältnis von 10 zu 2 zu 1[76]. Das wichtigste Transportmittel der Binnengewässer mußten - im übrigen z.T. bis in das 20. Jahrhundert hinein - flache Einbäume mit geringem Tiefgang sein, um den Fließbedingungen gerecht werden zu können. Solche meist aus Eichenholz gefertigten Boote von 0,7 bis 1,9 m Breite und meist 8 m Länge konnten bis zu 1 t Last tragen[77]. Um mit Fähren Flüsse zu kreuzen, wurden mehrere Einbäume aneinandergebunden. Flußabwärts transportierte Waren verlud man oft auf das ohnehin geflößte Nutzholz[78]. Getreide wurde in langen platten Kähnen, den sogenannten Eichen (Eken) mit einem Fassungsvermögen von bis zu 700 hl oder kleineren Bordingen mit Fassungsvermögen von ca. 350 bis über 500 hl gestakt oder getreidelt[79]. Auch an der Küste waren Eken verbreitete Gebrauchsboote zum Transport von Menschen und Vieh sowie verschiedenster Sachgüter. In

---

[72] ELLMERS (wie Anm. 56), S. 245.

[73] Zu den Hindernissen im Flußverkehr P. WEGNER, Die mittelalterliche Flußschiffahrt im Wesergebiet, in: Hansische Gschichtsblätter 1, 1913, S. 93-161, hier S. 94-97.

[74] W. VOGEL, Geschichte der deutschen Seeschiffahrt 1, Von der Urzeit bis zum Ende des 15. Jahrhunderts, 1915, S. 544.

[75] GASNER (wie Anm. 26), S. 61.

[76] HEINZE, DRUTSCHMANN (wie Anm. 32), S. 42.

[77] ELLMERS (wie Anm. 56), S. 244.

[78] ELLMERS, (wie Anm. 52), S. 23-28.

[79] A. PETERS, Die Geschichte der Schiffahrt auf der Aller, Leine und Oker bis 1618 (Forschungen zur Geschichte Niedersachsens 4,6), 1913, S. 12, 17.

Bremen z.B. sind Eken zu Beginn des 14. Jahrhunderts schriftlich nachweisbar. Dort wurde 1962 ein solches Boot - gebaut als Zweibaum - geborgen[80].

VI.

Obwohl die Städte im 12. und 13. Jahrhundert gediehen, blieben die **Verkehrsleitlinien** gleich. Sie veränderten sich auch nicht während der spätmittelalterlichen Wüstungsphase, weil hiervon die Städte kaum betroffen waren. Allein viele Verbindungswege in den Gemarkungen entfielen durch das Auflassen von Dörfern und Fluren[81]. Im Gegensatz zum hohen Mittelalter war spätestens seit dem 13. Jahrhundert die Detailstreckenführung auf ein dichteres Netz von Märkten, Rastorten und Städten konzentriert[82], was im kleinen zu Verlegungen von Straßen führen konnte. Der zuvor parallel zum Hang verlaufende Hellweg nördlich des Bückeberges wurde beispielsweise durch das neugegründete Stadthagen geführt[83]. Als der Markt des alten Ulessen auf die westliche Seite der Ilmenau verlegt wurde, und das neue Uelzen entstand, bündelten sich hier die Wege neu[84]. Seit dem 12. Jahrhundert dienten die niedersächsischen Teilräume mehr als Verkehrsdurchgangslandschaften, die zusätzlich nun auch auf den Ostseeraum orientierten waren, denn als Raumeinheiten des Quell- oder des Zielverkehrs[85]. Wichtige Eckpunkte waren Köln, Hamburg, Lübeck, Magdeburg, Erfurt

---

[80] R. POHL-WEBER, Die Bremer Eke. Fund eines mittelalterlichen Binnenschiffes, in: Bremisches Jahrbuch 51, 1969, S. VIII-XI, hier S. IX ff.

[81] J. K. RIPPEL, Die Entwicklung der Kulturlandschaft am nordwestlichen Harzrand (Schriften der wirtschaftswissenschaftlichen Gesellschaft zum Studium Niedersachsens NF. 69), 1958, S. 233; DENECKE (wie Anm. 7), S. 294.

[82] DENECKE, (wie Anm. 25), S. 457. Bis 1235 waren mit charakteristischen städtischen Merkmalen versehen: Bardowick, Braunschweig-Altstadt, Braunschweig-Hagen, Braunschweig-Neustadt, Bremen, Göttingen, Goslar, Hameln, Haselünne, Helmstedt, Hildesheim-Altstadt, +Hildesheim-Dammstadt, Hildesheim-Neustadt, Holzminden, +Löwenstadt, Lüneburg, Neustadt a.r., Nienburg, Osnabrück, Osterode, Peine, Rinteln, +Rosendahl, Stade, Verden, Wunstorf (M. LAST, Niedersächsische Städte bis zum frühen 13. Jahrhundert, in: Stadt im Wandel 3, 1985, S. 81-93, hier S. 83 f.).

[83] F. ENGEL, Das mittelalterliche Stadthagen und seine zentrale Bedeutung, in: DERS., Beiträge zur Siedlungsgeschichte und historischen Landeskunde, 1970, S. 197-239, hier S. 213 ff.

[84] B. PLOETZ, Uelzen und der Fernverkehr, in: E. WOEHLKENS (Hg.), Siebenhundert Jahre Stadtrecht in Uelzen (Uelzener Beiträge 3), 1970, S. 133-146, hier S. 134-137.

[85] Die Landverkehrsverbindungen sind genau benannt bei BRUNS, WECZERKA (wie Anm. 5), S. 229-331; anhand topographischer Befunde dürften die Aussagen allerdings bisweilen zu korrigieren sein (B. PLOETZ, Der Handelsverkehr zwischen Lüneburg und Hamburg. Wegeführungen vor der Erbauung von Chaussee und Eisenbahn, in: Jahreshefte des naturwissennschaftlichen Vereins Lüneburg 31, 1969, S. 27-36).

und Frankfurt. Seit der Ostexpansion und -kolonisation nahm der West-Ost-Handel stetig zu. Je mehr sich im Spätmittelalter die Hanse konsolidierte, um so wichtiger wurde der Transithandel zwischen den hochentwickelten Gebieten Flanderns, des Rheins und auch Südenglands über den Brückenkopf Lübeck in das gesamte Ostseegebiet. Doch blieb das dichteste Verkehrsnetz weiterhin dasjenige des Westens und Südens Deutschlands mit den Knotenpunkten Köln, Frankfurt und Nürnberg[86]. Der umfangreichste West-Ost-Verkehr verlief küstenparallel nördlich an Niedersachsen vorbei nach Hamburg und von dort nach Lübeck[87]. Von der Anbindung des Ostseehandels über die Elbe an den sächsisch-thüringischen Raum, an Franken und Böhmen profitierte Niedersachsen ebenfalls nur wenig.

Städte und wichtige Verkehrswege in Niedersachsen im Mittelalter

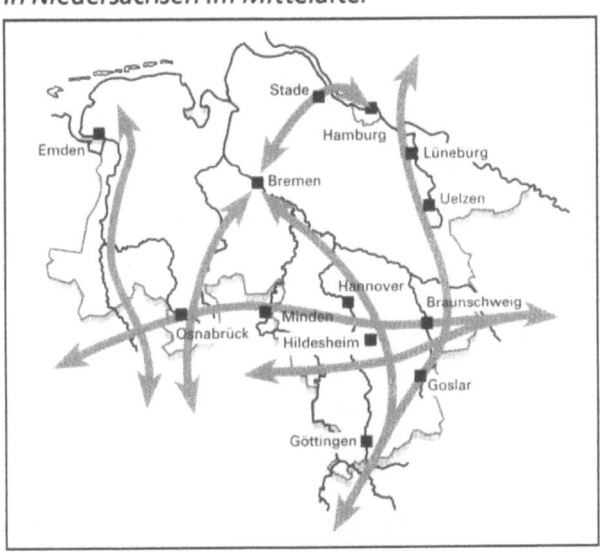

Die gesamte Geest war allein aus physiogeographischen Gründen für den Durchgangsverkehr überwiegend ungeeignet. Für den Verkehr nach Norden

---

[86] H. KELLENBENZ, Norddeutsche Wirtschaft im europäischen Zusammenhang, in: Stadt im Wandel 3, 1985, S. 221-241, hier S. 223.

[87] BÄCHTOLD (wie Anm. 22), S. 127.

blieben Osnabrück, Minden, Hannover und Braunschweig die „Verkehrstore"[88]. Zwischen Bremen-Hamburg und Osnabrück-Braunschweig führte keine wichtige West-Ost-Verbindung durch die Geest[89]. Eine Ausnahme stellte nur ein Landweg dar, der von Köln und Westfalen nach Lübeck führte und nicht über Bremen und Stade die Hansemetropole ansteuerte, sondern von Minden, dem besten Ort der Weserüberquerung bis Bremen[90], über Nienburg und Rethem oder von Hameln über Hannover schließlich Lüneburg erreichte und dort in die Nord-Südverbindung einmündete[91]. Dies verweist zum einen auf eine gesondert darzustellende Verkehrssituation im westniedersächsischen Raum und zum anderen auf die verkehrsbeherrschende Stellung Lüneburgs in Nordostniedersachsen[92]. Die zweitwichtigste West-Ostverbindung, der Landweg von Köln und Westfalen nach Magdeburg[93] und Mitteldeutschland, führte von Paderborn aus in Höxter[94] über die Weser, nachrangig auch in Hameln oder Hannoversch-Münden, oder unmittelbar nördlich der Mittelgebirgsschwelle über Minden durch die Lößbörden[95]. Von Paderborn aus öffnete sich ein Straßenfächer auf die Weser zu[96]. Mit diesen Wegen vom Rhein nach Osten wird im allgemeinen der auf vormittelalterliche Zeiten zurückgehende Hellweg in Verbindung gebracht, ohne daß allerdings dessen Verlauf im Detail exakt beschrieben werden kann oder aber eine entsprechende lokale Namensgebung zwingend auf besonders verkehrsgünstige Verhältnisse hinweist.

Der Nord-Süd-Verkehr konzentrierte sich auf Ostniedersachsen. Die Verbindung von Westfalen nach Bremen stand dahinter zurück, auch diejenige durch

---

[88] F. TIMME, Ostsachsens früher Verkehr und die Entstehung alter Handelsplätze, in: Braunschweigische Heimat 36, 1950, S. 107-136, hier S. 111.

[89] BORNSTEDT (wie Anm. 23), S. 13 f.

[90] M. KRIEG, Der Schiffahrtsstreit zwischen Bremen und Minden, in: Hansische Geschichtsblätter 60, 1935, S. 66-88, hier S. 66.

[91] H. WECZERKA, Verkehrsgeschichtliche Grundlagen des Weserraumes, in: Kunst und Kultur im Weserraum 800-1600, 1966³, S. 192-202, hier S. 197.

[92] Siehe jeweils unten.

[93] BÄCHTOLD (wie Anm. 22), S. 171-174 warnt vor einer Überschätzung Magdeburgs als Warenumschlagplatz und Verkehrsknotenpunkt bereits im 12. und frühen 13. Jahrhundert.

[94] SPELLERBERG (wie Anm. 19), S. 71 ff.

[95] WEZCERKA (wie Anm. 91), S. 192-196.

[96] H. STOOB, Vom Städtewesen im oberen Weserlande, in: DERS., Forschungen zum Städtewesen in Europa 1, 1970, S. 129-137, hier S. 129.

das Oberwesertal[97]. Es war flußabwärts von Hannoversch-Münden, das nur die Funktion einer lokal bedeutenden Brückensiedlung besaß[98], bis Hameln nur bedingt schiffbar und bot keinen Raum für eine durchgängige Uferstraße zum Treideln oder zum Landtransport[99]. Selbst für die Schiffahrt von Hameln oder Minden bis nach Bremen bleiben die Zeugnisse im Mittelalter verblüffend rar[100]. So waren die Städte an der Oberweser stets als Fähr- und Brückenorte weit wichtiger denn als Siedlungen für den Land- oder Schiffstransport[101]. Offensichtlich konzentrierte sich der flußabwärts gerichtete Verkehr auf die Flöße mit dem für das Unterwesergebiet wichtigem Holz aus den anrainenden Höhenzügen[102]. Buntsandsteine, Glas- oder Töpferartikel konnten auf diese Weise bis nach Bremen gelangen.

Das breite Leinetal mit seinen Terrassen hingegen bündelte ab Göttingen im südöstlichen Niedersachsen den wesentlichen Nord-Süd-Landverkehr von Frankfurt oder Nürnberg[103] auf eine ostniedersächsische Linie, die über den Elbübergang Artlenburg/Lauenburg gen Hamburg und Lübeck führte[104]. Hamburg selbst blieb als Elbübergangsort vergleichsweise unbedeutend; der parallel der Elbe geführte Handel war wesentlich wichtiger[105]. Der von Lübeck initiierte

---

[97] H. RABE, Mittelalterlicher Fernhandel und -verkehr im oberen Weserraum, in: Die Weser - Einfluss in Europa 1, S. 54-61.

[98] H. BOOCKMANN, Die Anfänge von Münden, in: Sydekum – Schriften zur Geschichte der Stadt Münden 12, 1984 S. 7-26, hier S. 24.

[99] WEGNER (wie Anm. 73), S. 124.

[100] Ebd., S. 125-132.

[101] WECZERKA (wie Anm. 91), S. 193 f.

[102] Allerdings weitgehend ohne Belege aus dem Mittelalter: N. BORGER-KEWELOH, H.-W. KEWELOH, Flößerei im Weserraum, 1991.

[103] H. DÖRRIES, Die Städte im oberen Leinetal. Göttingen, Northeim und Einbeck. Ein Beitrag zur Landeskunde Niedersachsen und zur Methodik der Stadtgeographie (Landeskundliche Arbeiten des Geographischen Instituts der Universität Göttingen 1), 1925, S. 78-81; ausführlich: DENECKE (wie Anm. 12), passim.

[104] So bereits G. LANDAU, Beiträge zur Geschichte der alten Heer- und Handelsstraßen in Deutschland (Hessische Forschungen zur geschichtlichen Landes- und Volkskunde 1), 1958, S. 88-99; WECZERKA (wie Anm. 91), S. 198; zu den Elbübergängen und den dort erhobenen Zöllen ausführlich B. WEISSENBORN, Die Elbzölle und der Elbstapelplatz im Mittelalter, 1901.

[105] A. WIESKE, Der Elbhandel und die Elbhandelspolitik bis zum Beginn des 19. Jahrhunderts (Beiträge zur mitteldeutschen Wirtschaftsgeschichte und Wirtschaftskunde 6), 1927, S. 10, 12, 18.

Bau des Stecknitzkanales 1390 bis 1398[106], der die Hansemetropole über Lauenburg mit der Elbe verband, sicherte den Lüneburger Salzexport und förderte die ostniedersächsische Nord-Süd-Verkehrlinie, die im oberen Leinetal ab Göttingen ihren Ausgang nahm. Über die Aller war im Übrigen vom Leinetal auch Bremen zu erreichen.

VII.

Die wichtigste niedersächsische **Verkehrslandschaft** war eindeutig der Raum zwischen Göttingen, Hameln, Hannover und Braunschweig, wo sich die verschiedenen Ost-West- und Nord-Süd-Straßen kreuzten[107]; eine bedeutende Gewerbelandschaft mit ertragreicher Landwirtschaft. Hier zogen mehrere Städte - wie Northeim, Einbeck, Gandersheim - den Verkehr auf sich[108]. Seesen vermittelte in seiner Paßlage zwischen dem Harzer Raum und dem Leinegebiet[109], Duderstadt gen Osten nach Magdeburg oder Halle[110]. Hildesheim und in gewisser Weise auch Hannover im Norden[111] und Göttingen im Süden[112] nahmen den Verkehr auf, für den Braunschweig den höchstrangigen Zentralort bildete[113]. Braunschweig verfügte über einen topographisch günstigen Okerübergang, lag in der charakteristischen west-ost-verbindenden Mittellage zwischen Berg- und Hügelland sowie Geest, besaß in Goslar mit seinem Rammelsberg im unmittelbaren Hinterland einen wichtigen Rohstofflieferanten und konnte nach Norden

---

[106] N. R. NISSEN, Neue Forschungsergebnisse zur Geschichte der Schiffahrt auf der Elbe und dem Stecknitzkanal, in: Zeitschrift des Vereins für Lübeckische Geschichte und Altertumskunde 46, 1966, S. 5-14, hier S. 5.

[107] BRUNS, WECZERKA (wie 5), S. 228, 286 f.

[108] SPELLERBERG (wie Anm. 19), S. 24-60; H. KRÜGER, Zur Geschichte des Straßenwesens im niederhessisch-südhannoverschen Grenzgebiet. Versuch der Monographie einer Verkehrslandschaft (Forschungsarbeiten zum Straßenwesen 2), 1937, S. 28 f.

[109] RIPPEL (wie Anm. 81), S. 153.

[110] M. MUßMANN, Handwerk und Handel im mittelalterlichen Duderstadt, in: Die Goldene Mark 37, 1986, S. 1-84, hier S. 58 f.

[111] BÄCHTOLD (wie Anm. 22), S. 154 ff.

[112] K. FRIEDLAND, Die Hansestädte Südniedersachsens, in: DERS., D. ELLMERS (Hg.), Städtebund und Schiffahrt zur Hansezeit in Südniedersachsen 5, 1981, S. 7-20, hier S. 13, auch Abb 2. dort; siehe auch die instruktiven Karten S. 114/115, 116, 119, 121, 126 dort.

[113] Ausführlich und mit Nennung der Straßenverbindungen im historischen Wandel: KUCHENBECKER (wie Anm. 16), S. 8, 26, 36, 44, 51, 59, 66, 75, 82; jüngst für das Bremer Umland T. HILL, Wovon lebte die Stadt. Bremens Außenhandel im Mittelalter. In. Niedersächsisches Jahrbuch für Landesgeschichte 78, 2006, S. 29-46.

hin die Oker schiffbar halten, die nahe ihrer Allermündung über die Ilmenau Anschluß nach Lüneburg besaß[114].

Die Quellen lassen es nicht zu, die **Verkehrsintensität** des spätmittelalterlichen Niedersachsens einigermaßen genau zu bestimmen. Die höchste Verkehrsintensität dürfte das westliche und nördliche Harzvorland mit dem Zentralpunkt Braunschweig besessen haben. Hinzu kommen die Verkehrskontrollräume der großen Städte außerhalb dieses Gebietes: Hamburg, Bremen und Lüneburg. Weite Teile Niedersachsens zeigten aber nur lineare oder punktuelle Merkmale der Verkehrsintensität. Die wichtigsten Orte des gebrochenen Verkehrs waren Zentren eines Einzugsbereiches von bis zu 30 km Radius. Vom Umland wurden Nahrungsmittel und gewerbliche Rohstoffe in die Städte gebracht. Dicht um die Städte schloß sich ein Bannmeilenring mit fußläufigem Verkehr, seit dem Ausgang des 14. Jahrhunderts oft durch Landwehren gesichert[115]. Könnten Aussagen über die Dichte und Intensität des Verkehrs ergänzt werden, würden vermutlich die linearen Merkmale dank der Flußläufe ebenso erkennbar,wie dank der breiteren Königstraßen, während auf Gemarkungsebene Netzstrukturen deutlich würden, die wiederum in der norddeutschen Geest locker blieben und sich nur um die wichtigen Städte eng verdichteten.

Ein charakteristisches Beispiel für die Verkehrskontrollräume des mittleren Niedersachsens liefern Konflikte zwischen Lüneburg und Braunschweig im Handel nach Bremen. Konkurrierende Landesfürsten wurden hierzu von den Städten regelrecht ausgenutzt. Die Braunschweiger Schiffahrt über die Oker zur Aller reicht mit Sicherheit in das 12. Jahrhundert zurück. Die vielen Indizien über eine Handelstätigkeit der Siedlungsplätze Braunschweigs und der nahen Orte (z.B. Werla, Süpplingenburg) lassen schon für das 11. Jahrhundert eine zentrale Position wahrscheinlich sein[116], bis hin zum Kontakt mit friesischen Händlern[117]. Im Privileg für das Weichbild Hagen von Otto dem Kind 1227 deutet sich ein Schiffsverkehr über die Aller nach Bremen bereits an[118]. Der Welfenherzog verzichtete auf die Grundruhr, und nur bei Celle war ihm Zoll zu

---

[114] W. MEIBEYER, Gab es wirklich eine „bedeutende" Fracht-Schiffahrt auf der unteren Oker im hohen Mittelalter? In: Braunschweigisches Jahrbuch für Landesgeschichte 83, 2002, S. 205–210.

[115] SPELLERBERG (wie Anm. 19), S. 19 f.; DENECKE (wie Anm. 7), S. 153-156.

[116] T. MÜLLER, Schiffahrt und Flößerei im Flußgebiet der Oker (Braunschweigische Werkstücke 39), 1968, S. 13-33.

[117] H. J. QUERFURTH, Beziehungen zwischen Braunschweig und den Nordseegebieten im 11. Jahrhundert und die Errichtung der St. Magnikirche, in: Braunschweiger Jahrbuch 52, 1971, S. 9-18.

[118] MÜLLER, (wie Anm.116), S. 37; ELLMERS (wie Anm. 56), S. 243.

zahlen[119]. Lüneburg, zentraler Handelsort an der frequentierten Nord-Süd-Verbindung, leitete zwar bis zur Elbe den Salzexport und den Holzimport, bemühte sich aber in Konkurrenz mit Braunschweig, an den Handelsweg nach Bremen angeschlossen zu werden. Ziel war nicht zuletzt, den Getreidehandel an der Aller, also in Celle, zu kontrollieren. 1367 erwirkte Lüneburg ein diesbezügliches Privileg vom welfischen Herzog Wilhelm. Hannover jedoch erlangte vom sachsen-lauenburgischen Herzog in der Frühphase des Lüneburger Erbfolgekriegs das Recht der freien Schiffahrt bis Celle und den besonderen Schutz bis Bremen, handelte mit leineabwärts herrschenden Adligen das Öffnungsrecht der Mühlen und Wehre aus und vereinbarte mit Bremen 1375 eine Gleichbehandlung der Kaufleute sowie die Beschränkung des in Bremen zu stapelnden Getreides auf ein Drittel der Einfuhrmenge. Bremen leitete offensichtlich zumindest seit 1376 Getreide aus den Börden, das von Hannover, dann von Braunschweig, Goslar und Hameln kam, auf den Seeweg[120]. Erst jetzt und auch nur bis zum Beginn des 16. Jahrhunderts erlangte die Leineschiffahrt eine gewisse Bedeutung[121]. Gegen Hannovers Kontrakt mit Bremen unternahm Lüneburg nichts, denn die Mündung der Leine in die Aller lag zu weit vom Lüneburger Kontrollbereich entfernt, und Hannover wurde kaum als ernsthafte Konkurrenz gesehen[122]. Allerdings erwirkte Lüneburg 1392, daß die Landesherrschaft eine Umfahrung der Stadt durch fremde Kaufleute zu verhindern habe[123], und bemühte sich 1405, den auswärtigen Salzhandel generell zu monopolisieren sowie den Getreidetransport von Braunschweig nach Bremen mit Hilfe der Celler Herzöge 1429 endgültig zu kontrollieren[124]. Hintergrund war das Scheitern der Zusammenarbeit mit Landesherrschaft und Adel im Satekrieg 1397, was eine weitreichende Handelssicherungspolitik Lüneburgs mit dem Erwerb von Pfandschlössern notwendig machte[125]. 1440 erwarb Lüneburg sogar den befestigten Sitz Dieckhorst an der Einmündung der Oker in die Aller[126]. In einem bis 1459 mit Braunschweig ausgetragener Konflikt unterlag Lüneburg

---

[119] PETERS (wie Anm. 79), S. 1 f.

[120] WEGNER (wie Anm. 73), S. 144.

[121] PETERS (wie Anm. 79), S. 19 ff.

[122] Ebd., S. 5-8.

[123] H. WITTHÖFT, Lüneburger Schiffer-Ämter, in: Lüneburger Blätter 9, 1958, S. 73-100, hier S. 74.

[124] W. HABERMANN, Der Getreidehandel in Deutschland im 14. und 15. Jahrhundert. Ein Literaturbericht, in: Scripta Mercaturae 12, 1978, S. 107-135, hier S. 115.

[125] H.-J. BEHR, Die Pfandschloßpolitik der Stadt Lüneburg im 15. und 16. Jahrhundert, 1964, S. 177-180.

[126] MÜLLER (wie Anm. 116), S. 43.

freilich. So sicherte sich Braunschweig die Kontrolle über die Hauptverkehrswege im mittleren und östlichen Niedersachsen[127]. Immerhin erhielt Lüneburg schließlich von Kaiser Friedrich III. 1471 das lange wahrgenommene Recht bestätigt, einen Ilmenau- und einen generellen Durchgangszoll von allen Waren erheben zu dürfen[128].

Angaben aus dem 15. Jahrhundert zeigen, wie einträglich die Kontrolle über den Celler Allerzoll gewesen sein muß. Das aus Braunschweig und Hannover hier verzollte Getreide schwankte zwischen Kurzdurchschnitten von ca. 4.600 hl und Spitzen von fast 32.000 hl. Hiervon profitierten Celler Schiffer, die neben der Holzflößerei den Flußtransport des Getreides betrieben[129]. Bremen aber unterband alsbald den für die binnenländischen Händler lukrativen Direktverkauf des aus dem Hinterland importierten Getreides und setzte 1482 hierfür den Stapelzwang durch. Rasch nahmen die verzollten Getreidemengen in Celle drastisch ab, vielleicht wurde zur Jahrhundertwende die Allerschiffahrt sogar ganz eingestellt. Hannover versuchte kurzzeitig hiervon zu profitiern und ließ die Wasserschutzbauten leineabwärts ausbauen. Obgleich Celle von Hannover aus nicht auf dem Wasserweg zu erreichenden war, landete dort dennoch 2/3 des am Ausgang des 15. Jahrhunderts verzollten Getreides an, doch währte dieser Boom nur kurze Zeit. Zu Beginn des 16. Jahrhunderts wurde die Leineschiffahrt offensichtlich ebenfalls eingestellt[130]. Wahrscheinlich geht dieses alles weniger auf die wachsenden landesherrlichen Einflüsse zurück, also u.a. auf das herzogliche Schiffahrtsmonopol für Celle 1519[131]. Vielmehr liegt die Ursache in den beginnenden Getreideimporten der Niederländer aus dem östlichen Mitteleuropa, die das offensichtlich teurere niedersächsische Getreide vom westeuropäischen Markt verdrängten.

VIII.

Zwar war Bremen eng mit dem niedersächsischen Hinterland verflochten, doch muß **Westniedersachsen** - und speziell **Ostfriesland** - als gesonderte Verkehrslandschaft betrachtet werden. Eine eigenständige Verkehrslinie von Westeuropa in den Ostseeraum führte hier hindurch, so daß die Städte Hamburg und Bremen vom Binnenland losgelöste Rollen der Verkehrskontrolle spielten. Die mit den Kreuzzügen beginnende Seeorientierung Europas beeinflußte Bremen und bezog

---

[127] PETERS (wie Anm. 79), S. 9-12.

[128] WITTHÖFT (wie Anm. 123), S. 75.

[129] PETERS (wie Anm. 79), S. 12 f.

[130] PETERS (wie Anm. 79), S. 16-21.

[131] MÜLLER (wie Anm. 116), S. 49; PETERS (wie Anm. 79), S. 21.

das niedersächsische Hinterland ein[132]. Bremens Landverbindung nach Hamburg lief zwar über Stade[133], doch verlor Stade seinen wichtigen Einfluß gerade im Englandhandel aus dem 11. bis 13. Jahrhundert, als die Hanse nach Osten expandierte[134]. Dank der Ems und den wichtigen Landweg an ihrem rechten Ufer besaß Ostfriesland einen unmittelbaren Zugang in den rheinischen Raum sowie nach Münster oder Osnabrück und nachrangig Meppen, die quasi Brückenkopffunktionen für die Küstenlandschaften besaßen[135], zumal der Bischof von Münster seit 1253 mit Grafenrechten im Emsgau ausgestattet war, von dem er freilich nur das spätere Niederstift halten konnte. Wenngleich der Emsverkehr im Volumen nicht überschätzt werden sollte, führte er doch zum Austausch von friesischem Vieh und von Viehprodukten mit westfälischem Getreide, Holz und Honig[136]. Durch die Weser und ihre Nebenflüsse - sowie einen weniger frequentierten Landweg über Oldenburg - waren die Friesen auch mit dem zentralen Niedersachsen, also den verkehrsintensivsten Gebieten[137], verbunden. Die trotz aller Auf- und Abschwünge den binnenniedersächsischen Verhältnissen ähnliche friesische Wirtschaftsproblematik ließ langfristig gleiche Verkehrsspannungen entstehen. Ostfriesland lieferte Vieh- und Viehprodukte, war aber auf die Zufuhr von Holz und Getreide angewiesen. Da die Siedlungskerngebiete Ostfrieslands in der Marsch durch Wasserarme, in der Geest durch große Moorgebiete inselartig voneinander getrennt lagen, gab es bereits im Früh- und Hochmittelalter einen entwickelten Straßenbau, der z.B. durch die Anlage von Bohlwegen die Moore überwinden half[138]. Die Hauptwirtschaftsgebiete zwischen Ems und Jade waren am nördlichen Geestrand und durch die Geest via Aurich hindurch schon in frühmittelalterlicher Zeit miteinander verbunden und ein ebenso alter Weg führte vom Emsland über Leer und Aurich bis hinauf in den Raum Esens[139]. Bereits die friesischen Volksrechte enthielten daher Bestimmungen über Friedenssicherung an den Straßen sowie über Anlage, Breite

---

[132] VOGEL (wie Anm.74), S. 127-131.

[133] J. MÜLLER, Handel und Verkehr Bremens im Mittelalter, in: Bremisches Jahrbuch 30, 1926, S. 204-262 und 31, 1928, S. 1-107, hier 31, S. 65, siehe auch die Karte der Hauptrichtungen des Bremer Handels S. 79 dort.

[134] VOGEL (wie Anm. 74), S. 182, 236.

[135] BÄCHTOLD (wie Anm. 22), S. 129 f., 136-139.

[136] W. RUBENS, Die Verkehrsbeziehungen des Stifts Münster mit den friesischen Landen zwischen Zuydersee und Jadebusen im Mittelalter, phil. Diss. Unna 1921, S. 15-21.

[137] H. WIEMANN, J. ENGELMANN, Alte Wege und Straßen in Ostfriesland (Ostfriesland im Schutze des Deiches 8), 1974, S. 114-126.

[138] Ebd., S. 101-114.

[139] Ebd., S. 100 f.

Verkehr im Mittelalter. Das Beispiel Niedersachsen 43

und Unterhaltung der Wege - bis hin zum Landrecht Graf Edzards I. 1515[140]. Die besonders bedeutungsvollen Brücken könnten, so ggf. in Rüstringen, die Funktion von Versammlungs- und Rechtssetzungsorten besessen haben[141]. Von ungleich größerer Bedeutung jedoch war für die Friesen der Schiffsverkehr[142]. Hier wie generell galt, daß sich Piraterie und Handel bis weit in das Spätmittelalter hinein wenig unterschieden und die Differenz am ehesten in der rechtlichen Beurteilung beruhte[143]. Trotz stetiger Verbotsversuche blieb das Strandrecht eine wichtige Handels- und Versorgungsbasis und war in Handelsverträgen gesondert einzubeziehen, so beispielsweise als die Rüstringer den Hamburger Kaufleuten 1291 die Strandrechtsfreiheit gewährten[144]. Da die Moore und Vernässungsbereiche den Landverkehr erschwerten, wurde auf den schmalen, relativ gefällearmen Flüssen der westniedersächsischen Geest relativ mehr Verkehr abgewickelt als auf entsprechenden Wasserwegen in Ostniedersachsen. Deshalb waren umfangreiche wasserbauliche Maßnahmen in differenzierter Technik nötig[145]. Neben Hunte und Hase[146] ist vor allem die Vechte zu nennen. Sie richtete die Wirtschaft des äußersten Westens Niedersachsens in Richtung auf Zwolle und Amsterdam aus und zog den Verkehr vom münsterschen Raum an[147]. Die bei Gildehaus und Bentheim abgebauten Sandsteine wurden auf ihr flußabwärts nach Holland und Friesland transportiert. Auch gelangte Holz aus den Wäldern bei Bentheim und Nordhorn in die waldarmen holländischen Marschen. Umschlagplätze waren Schüttorf, Nordhorn und Neuenhaus[148].

---

[140] Ebd., S. 8 f.

[141] A. GRAF FINCK VON FINKENSTEIN, Brücke und Brückenort in der ostfriesischen Verfassungsgeschichte, in: Blätter für deutsche Landesgeschichte 124, 1988, S. 477-482, hier S. 481.

[142] U. SCHEURLEN, Über Handel und Seeraub im 14. und 15. Jahrhundert an der ostfriesischen Küste, phil. Diss. Hamburg 1974, S. 70 f.

[143] M. MOLLAT, Guerre de course et piraterie a la fin du Moyen Age: aspects economiques et sociaux; position de problemes, in: Hansische Geschichtsblätter 90, 1972, S. 1-14, hier S. 1 und passim.

[144] VOGEL (wie Anm. 74), S. 545.

[145] M. ECKOLDT, Schiffahrt auf kleinen Flüssen Mitteleuropas in Römerzeit und Mittelalter (Schriften des Deutschen Schiffahrtsmuseums 14), 1980, S. 26-35.

[146] ELLMERS (wie Anm. 56), S. 247.

[147] H. SPECHT, Geschichte des Handwerkes in der Grafschaft Bentheim, in: Beiträge zur Geschichte des Osnabrücker Handwerkes, 1975, S. 241-300, hier S. 242.

[148] ECKOLDT (wie Anm. 145), S. 96.

Bremen und Hamburg waren besonders an dem friesischen Wirtschaftsraum interessiert, um die Elbe-, Weser- und Emsmündung zu kontrollieren und Verbindungen nach Westfalen und Flandern zu unterhalten. Beide Städte standen über einen Landhandelsweg in Verbindung, der in Stade die Elbe überquerte und den Bremern die Verbindung nach Lübeck schuf[149]. Hamburg dehnte zunächst seine Schiffahrtsrechte an der Elbe aus. Bereits seit 1286 verfügte die Stadt über die Marschinsel Neuwerk[150]. 1393 gelangte sie mit Hilfe der Wurster Friesen in den Besitz der Burg Ritzebüttel (späteres Cuxhaven). Obgleich die Wurster 1316 bis 1525 unter bremischem Einfluß standen, sicherte sich Hamburg stets deren Unterstützung zum Schutz des für die Kontrolle der Elbschiffahrt so wichtigen Neuwerker Turmes und der Ritzbütteler Burg[151]. Dies gipfelte im kaiserlichen Elbprivileg von 1482[152]. Doch scheiterte Hamburg mit dem Vorhaben, sich an der Ems einen Handelsbrückenkopf zu sichern. Bremen verstand es auf die Dauer, sich gegen die Friesen des Weserunterlaufes ebenso durchzusetzen wie gegen die Grafen von Oldenburg oder von Hoya[153]. Für das Oldenburger Gebiet verblieb auf diese Weise nur der Durchgangshandel mit friesischem Vieh oder hansischen Produkten[154], so daß die Oldenburger Grafen ihr Gebiet 1243 verkehrsmäßig auf das entwickeltere Bremen auszurichten versuchten[155]. Die Stadt Oldenburg selbst stand im Handel stets weit hinter Bremen zurück, nicht zuletzt, weil bis 1234 die Stedinger und bis in die erste Hälfte des 14. Jahrhunderts die Rüstringer die Huntemündung kontrollierten[156]. Oldenburg nahm erst 1354 mit der Verleihung Bremer Stadtrechts an hansischen Schiffahrtsprivilegien anteil,

---

[149] A. WIESKE (wie Anm. 105), S. 10.

[150] H. RÜTHER, Geschichte des Landes Hadeln, 1949, S. 88.

[151] E. VON LEHE, Hamburgs Handel mit den Elb- und Nordseemarschen zur Hansezeit, in: O. BRUNNER u. a. (Hg.), Festschrift Hermann Aubin zum 80. Geburtstag 1, 1965, S. 221-234, hier S. 223.

[152] Ebd., S. 225.

[153] WEGNER (wie Anm. 73), S. 150-158; G. A. VAN HALEM, Geschichte des Herzogtums Oldenburg 1, 1794 (Nachdr. 1974), S. 225-229.

[154] G. RÜTHNING, Oldenburgische Geschichte 1, 1911, S. 212.

[155] H. ONCKEN (Hg.), Die ältesten Lehnsregister der Grafen von Oldenburg und Oldenburg-Bruchhausen (Schriften des Oldenburgischen Vereins für Altertumskunde und Landesgeschichte 9), 1893, S. 31.

[156] G. SELLO, Oldenburgs Seeschiffahrt in alter und neuer Zeit (Pfingstblätter des Hansischen Geschichtsvereins 2), 1906, S. 8.

Kaufmannschiffe auf der Hunte sind aber nicht vor dem 15. Jahrhunderts bekannt[157].

IX.

Der Blick auf das Verkehrswesen des mittelalterlichen Niedersachsens und die Folgezeit zeigt in der **Zusammenfassung**: Niedersachsen lag im frühen Mittelalter, ca. von 500 bis 1000, am nordöstlichen Rand der europäischen Wirtschaftszentren West- und Südeuropas. Im Hoch- und Spätmittelalter, von ca. 1000 bis 1450, rückte Niedersachsen in die Mitte zwischen den ökonomisch hochentwickelten Landschaften Oberitaliens, Süddeutschlands oder Flanderns und den vom europäischen Handel erreichten Randzonen Skandinaviens und Osteuropas. Niedersachsens Verkehrsdurchgangslage bekam richtungsweisende Funktion. Diese Mittellage blieb des weiteren in der frühen Neuzeit, von ca. 1450 bis 1850, erhalten, wurde aber wesentlich von der sich rasch ausweitenden Kluft zwischen West- und Osteuropa überformt. Erst Flandern, dann die Niederlande, dann England, auch Teile Frankreichs, wurden zu wirtschaftlichen Weltzentren, vergrößerten ihren ökonomischen und kulturellen Vorsprung gegenüber dem restlichen Europa und schufen mit den Kolonien eigene neue Peripherien. Hamburg gedieh zum dominierenden Hauptort nördlich Niedersachsens. Während der Hauptindustrialisierungsphase seit der Mitte des 19. Jahrhunderts, insbesondere seit der Reichsgründung 1871, holte Deutschland den wirtschaftlichen Rückstand gegenüber den Zentren im Westen auf. Innerhalb des deutschen Wirtschaftsraumes stand Niedersachsen allerdings weiterhin hinter den ökonomisch bestimmenden Gebieten zurück.

Die mittelalterlichen Verkehrsleitlinien prägen bis heute die überregionalen Achsen, auch in der Ost-West-Differenzierung. Die spätmittelalterlichen Städte konzentrierten den Verkehr auf sich. Diese Netzstruktur ist im wesentlichen bis heute erhalten. Chaussee-, Kanal-, Eisenbahn- und Kunststraßenbau führen nur zu Nuancierungen spätmittelalterlicher Verkehrsteilräume. Aktuelle Betrachtungen von Verkehr im Raum sollten daher stets dann, wenn sie historische Kulturräume umfassen, die mittelalterlichen regionalen Differenzierungen überschauen.

---

[157] W. BALLMANN, Der Hafen Oldenburg. Entwicklung und Struktur, Bedeutung und Verflechtung, in: Oldenburger Jahrbuch 74, 1974, S. 115-205, hier S. 138 f.; G. LIMANN, Der Stau in Oldenburg. Entwicklung des Sees- und Binnenhafens dieser alten nordwestdeutschen Residenzstadt, in: Oldenburger Jahrbuch 57, 1958, T. 2, S. 1-38, hier S. 4 f.

Hartmut Millarg

Zur Bedeutung und Gestaltung von Hauptverkehrsstraßen

Vorbemerkung

Das Anliegen dieses Vortrags wurde vor allem durch Bilder vermittelt. Davon kann hier nur ein Bruchteil gezeigt werden. Deshalb kann das Geschriebene mit den wenigen Bildern dem Gezeigten und Besprochenen nicht gleich kommen.

Eingrenzung und Definition

Ich werde mich nicht mit Landstraßen befassen und auch nicht mit städtischen Schnellverkehrsstraßen, allerdings auch nicht nur mit solchen Straßen, die nach der EAE oder EAHV als Hauptverkehrsstraßen zu kategorisieren sind. Mein Augenmerk gilt all jenen innerstädtischen Straßen und Plätzen, an denen die wichtigen Einrichtungen einer Stadt stehen, und die relativ stark frequentiert werden, vom Fahrverkehr oder vom Fußgänger oder von beiden. Diese Straßen und Plätze interessieren mich. weil sie ein Geflecht von öffentlichen Räumen bilden, deren Erscheinungsbilder in der Summe das Bild der Stadt formen.

Fast nur über die Erscheinungsbilder der öffentlichen Räume kann sich der Mensch unserer Zeit ein Bild von der Stadt machen. Außenansichten, Stadtsilhouetten, wie sie die kompakten und befestigten Städte früherer Jahrhunderte boten, gibt es nicht mehr, seit die Städte in ihr Umland gewuchert sind. Es gibt meist nur noch Innenbilder. Ausnahmen bilden Städte mit bewegtem Gelände, wie Salzburg, wo man von oben auf die Stadt schauen kann, oder Städte mit Meeres-, See- oder Flussufern, an denen sich Panoramabilder bieten, wie in Frankfurt am Main oder in Hamburg an Elbe und Alster.

Meistens aber erschließt sich das Bild der Stadt primär über die räumlichen und architektonischen Bilder der Straßen und Plätze. Sie bestimmen die Identität eines Ortes, und zwar in weit höherem Maße als die Architektur einzelner Gebäude. Straßen- und Platzbilder prägen Charakter und Image der Stadt. Darin liegt ihre Bedeutung - für die Bewohner, für die Besucher und für die Außenwahrnehmung. Das Bild der Stadt ist ein weicher Standortfaktor. Es beeinflusst die Ausstrahlung der Stadt und ihre Anziehungskraft.

Das wussten schon unsere Vorfahren. Und so haben Generationen von Stadtregierungen Jahrhunderte lang an der Schönheit der Stadtbilder gearbeitet, in allen Stilepochen, bis in die Gründerzeit, wo es dann in der zweiten Hälfte des 19. Jahrhunderts zu maßlosen gestalterischen Übertreibungen und gleichzeitig zu menschenverachtenden Wohnverhältnissen kam. Dies bewirkte, dass mit dem

Beginn der Moderne der Faden riss und eine völlig andere Vorstellung von Straße und Raum um sich griff.

Historischer Rückblick

Diese Entwicklung will ich kurz nachzeichnen, schlaglichtartig und stark vereinfacht. Ich will zeigen, mit welchen Mitteln visuelle Reize der Straßen- und Platzbilder in manchen Städten erzeugt und durch Hinzufügungen immer weiter gesteigert wurde, und warum man in Städten der Moderne kaum annähernd vergleichbar Reizvolles finden kann.

Ich werde dabei speziell auf das Hannover nach dem Zweiten Weltkrieg eingehen. Nicht nur, weil Sie alle diese Stadt kennen, sondern weil diese Stadt in der Zeit des Wiederaufbaus als beispielgebend für moderne Stadtplanung galt. Und weil die Stadt heute weithin mit dem Vorurteil belastet ist, sie sei grau und unattraktiv. Die Stigmatisierung geht so weit, dass in München Peter Gauweiler im Hinblick auf ein Neubauvorhaben sagte: "Aber bitte keine Hannover-Architektur".

In den norditalienischen Zentren der Hochkultur befasste man sich schon zu Beginn des 12. Jahrhunderts intensiv mit Fragen der Gestaltung von Straßen- und Platzwänden. Zum Beispiel in Siena, wo eine selbstbewusste Bürgerschaft Gestaltungsregeln für die bauliche Umrahmung des zentralen Platzes „Il Campo" erließ, oder im rivalisierenden Florenz, wo die Fassadenausbildung in manchen Bereichen bis zur Materialwahl reglementiert und auch überwacht wurde.

Siena, IL Campo – Gestaltung der Raumwände nach Maßgabe von Gestaltungsregeln

In der Zeit der Spätgotik begann man auch in vielen norddeutschen Städten nicht mehr allein auf die symbolische und ästhetische Wirkung einzelner Gebäude

Zur Bedeutung und Gestaltung von Hauptverkehrsstraßen 49

Wert zu legen (wie Kirchen und Rathäuser), oder auf die Ausbildung einer eindrucksvollen Stadtsilhouette (wie z. B. in Lübeck), sondern auch auf die optisch-räumliche Wirkung der Innenräume der Stadt. Man verstand die Stadt nun mehr und mehr als einen Komplex von perspektivischen Bildern und spannungsreichen Raumfolgen und baute sie in diesem Sinne um, bzw. entwickelte sie entsprechend weiter.

Ein markantes Beispiel einer bewusst im Hinblick auf Steigerung der räumlich-ästhetischen Wirkung im 13. bis 16. Jahrh. kunstvoll umgebauten Stadtmitte bot Braunschweig. Dort wurde gegen Ende des 13. Jahrh. das Kaufhaus der Tuchhändlergilde direkt vor die Einmündung der von Osten auf den Altstadtmarkt zulaufenden Fernhandelsstraße gestellt. Mit diesem Kunstgriff erhielt die Straße einen visuellen Raumabschluss und eine markante Gliederung in überschaubare, unterschiedliche Raumabschnitte. Die hier geschaffene Engstelle bewirkte, dass die Bewegung in Richtung Altstadtmarkt zunächst verlangsamt und dann verschwenkt wurde, und dass dadurch der Eintritt in einen Stadtraum anderen Charakters als besonderes Erlebnis bewusst gemacht wurde.

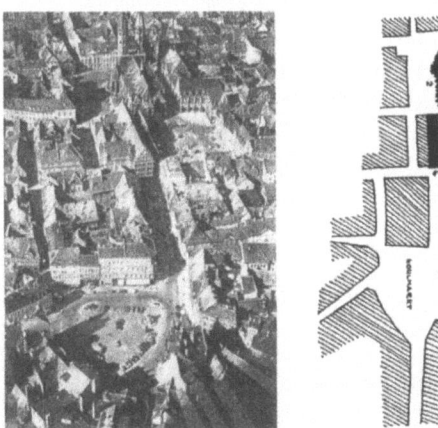

Braunschweig, Altstadtzentrum früher – Kunstvoll gestaltete Stadtmitte

In der Folgezeit wurden die Umfassungswände des Marktplatzes verschönert. Das Rathaus wurde um die Ecke herum erweitert und mit gotischen Lauben verziert, und auf den Chor der Martinikirche wurde eine besondere Giebelzier aufgesetzt. Um 1590 erhielt dann das Gewandhaus einen Prachtgiebel und wurde nun zum point de vue des Straßenraums.

In ähnlich raffinierter Weise wurde 1565 in Rathenow das Rathaus in die Straße gestellt, die auf den Marktplatz zuläuft. Auch hier wurde eine spannungsvolle Engstelle geschaffen, und zwei wichtige Stadträume, die Hauptstraße und der Marktplatz, erhielten mit den Schaufassaden des Rathauses reizvolle Raumabschlüsse.

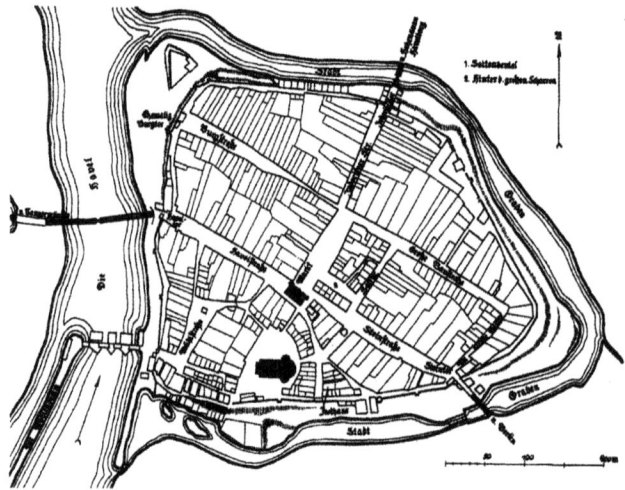

Rathenow, historischer Stadtgrundriss – Raffiniert platziertes Rathaus

In Stralsund wurde das als schlichter Funktionsbau errichtete Rathaus, das u. a. als Markthalle und zugleich als Durchgang zur Nikolaikirche diente, in seiner Orientierung um 90° gedreht und zum Marktplatz hin mit einer Schauwand versehen. So erhielt der Platzraum eine harmonisch proportionierte Fassung, und die weltliche Macht einen den Kirchtürmen der geistlichen Macht adäquaten Blickfang.

Stralsund – Verschönerung des Stadtraumes durch Verlegung der Eingangsfront des Rathauses und Überhöhung der neuen vorgeblendeten Fassade

Nach solchen ästhetischen Vorstellungen schuf die Bürgerschaft des 14. bis 16. Jahrhunderts spannungsvolle und individuelle Stadtbilder überall in Deutschland.

Akzente im Baugefüge waren wohl überlegt. Exponiert und herausragend gestaltet waren nur die Gebäude von besonderer sozialer Bedeutung, Kirchen, Klöster, Rathäuser, Zunfthäuser oder auch Gasthäuser, die häufig an den Stadteingängen positioniert waren. Die Vielzahl ruhiger, gleichförmiger, nicht gleichartiger, Bürgerhäuser bildete den Rahmen für die Sonderbauten. Erst im Zusammenspiel mit ihnen kamen diese voll zur Geltung.

In der Zeit von Renaissance und Barock erreichte das Bemühen um die Schaffung eindrucksvoller Stadtraumbilder einen Höhepunkt. Es entstanden Straßenräume mit Fassadenwänden, die bis ins Detail einheitlich gestaltet wurden. Sie waren teils als Sichtachsen konzipiert, als Vordergrund und Rahmen für die "In-Szene-Setzung" prachtvoller Herrscherbauten (Beispiel Karlsruhe).

Einheitlich umrahmte Platzräume wurden jetzt zum Leitmotiv des Städtebaus in Europa. So entstanden in Oberitalien die „piazze salone" (Livorno, Turin), in Spanien die rechteckigen „Plazas Mayor", die teils brutal in die kleinteiligen Altstadtstrukturen hinein gebrochenen wurden (Madrid, Salamanca), in Deutschland die mit Stadtgründungen angelegten Rechteckplätze (Mannheim, Friedrichstadt in Holstein), in England die Squares (Covent Garden, Leicester Square in London, um 1635) und in Frankreich die Königsplätze, (Place Royal, heute Place des Vosgues, 1605-09, Place Vendôme, 1697-85, in Paris).

Paris, Place Vendôme als Place Louis Le Grand mit Reiterstandbild als Maßstabsfigur

Am Beispiel des Place Vendôme wird deutlich, wie subtil diese Platzräume als ein Zusammenspiel von regelmäßiger, symmetrischer Anordnung des architektonischen Rahmens, der Bodengestalt, Skulpturen, manchmal Wasser oder anderer Gestaltelemente „zu einem bildmäßigen schönen Ganzen" gefügt waren. An diesem Beispiel lässt sich auch nachweisen, wie verletzlich solche Raumkompositionen sind: Unter Napoleon wurde das Reiterstandbild Ludwig IVX., das eine Maßstabsfigur war, durch eine nachempfundene Trajanssäule ersetzt. Dadurch wurden die Proportionen und somit die harmonische Raumwirkung zerstört.

Zerstörung der Harmonie der Proportionen des Place Vendôme durch eine 44 m hohe Säule

In der ersten Hälfte des 18. Jahrhunderts, im Spätbarock, wurden Straßen und Plätze vielfach so umgestaltet, oder durch besondere szenographische Elemente bereichert, dass sich reizvolle perspektivische Bilder ergaben. Dieses Denken fand seinen höchsten Ausdruck in Rom mit der Einfügung besonderer Stadtverschönerungsmaßnahmen wie z. B. dem Einbau der Spanischen Treppe, die mit einem Spiel von Stufen und Podesten zur Kirche Santa Trinità dei Monti hinaufsteigt. Die auf einer Höhenstufe stehende Kirche ist der Blickfang und Raumabschluss der Via Condotti.

Rom, Spanische Treppe – Blick aus der Via Condotti

Sie steht gegen die Achse dieser Annäherungsstraße um etwa 10 Grad verdreht und ist daher dreidimensional sichtbar. Die Treppenanlage wurde leicht schiefwinklig eingebaut, um dem Verlauf der Sichtachse und der Blickführung zur Kirche zu folgen. Schaut man die Via Condotti hinauf, so hat man im Vordergrund den Brunnen von Bernini, es folgt die dreifach gegliederte Treppenanlage, auf dem höchsten Podest ein später hinzugefügter Obelisk und als Abschluss die Kirche. - Eine fantastische Inszenierung.

Der Trevibrunnen, dessen Rückwand wie eine Palastfassade gestaltet ist, die sich in eine große skulpturale Brunnenanlage auflöst, ist in einen überraschend kleinen Platzraum eingefügt. Darin liegt ein besonderer Reiz. Von Westen kommend findet man den Brunnen am leichtesten, indem man dem Geräusch des sprudelnden Wassers folgt. Plötzlich durchquert man eine Engstelle und steht unvermittelt in diesem kleinen, lärmerfüllten Raum, der meist voll von Menschen ist. - Unter Mossulini bestand die Absicht, den Raum auf das Doppelte zu vergrößern. Dies hätte die Proportionen und damit die Gesamtwirkung der Anlage zerstört. Zum Glück kam dieser funktionalistische Gedanke nicht zur Ausführung.

Rom, Trevibrunnen - Ein Stadtverschönerungselement des Spätbarock

In der zweiten Hälfte des 19. Jahrhunderts, mit der Industrialisierung und dem Ansturm von Arbeitskräften auf die Städte, gewann der Mietshausbau die Oberhand in der Formung der Stadtbilder. In den gehobenen Wohnvierteln wurden die Straßenfassaden dekorativ mit historisierender Ornamentik verblendet, und wo reich gewordene Bürger den repräsentativen Lebensstil der adeligen Herrschaft nachahmen wollten, wurden sie teils mit Zierrat überkrustet bis hin zum Exzess. In den Arbeitervierteln hingegen wurden die breiten Massen in erbärmlichen Mietskasernen untergebracht. Viel zu eng, zu dunkel und ungesund.

Berlin, Kaiser-Wilhelm-Straße um 1890 – Verlogenheit der Architektur

So kam es schon bald zu heftiger Kritik, und nach dem Ersten Weltkrieg zu einem grundlegenden Wandel: Die Architekten forderten eine Abkehr von den Bau- und Wohnformen der Gründerzeit. Sie sahen darin eine Verschmelzung von Menschenverachtung und Verlogenheit der Architektur schlechthin, die sich in der Diskrepanz zwischen dem repräsentativen Äußeren und dem teils unfunktionalen Inneren der Häuser offenbarte. Vor allem prangerten sie die menschenverachtenden Wohnverhältnissen in den Mietskasernen der Arbeiterschaft an. Sie forderten völlig andere Wohnhäuser, mit Licht, Luft und Sonne für jede Wohnung.

Dies führte zum Zeilenbau. Die Wohnzeilen wurden in gleichen Abständen zueinander mit begrünten Zwischenräumen angeordnet und von den lauten, staubigen Straßen abgekehrt. Dorthin stellte man die Köpfe der Zeilen. Dies war etwas völlig Neues. Diese Anordnung führte zur Auflösung der Stadt als Raumgefüge.

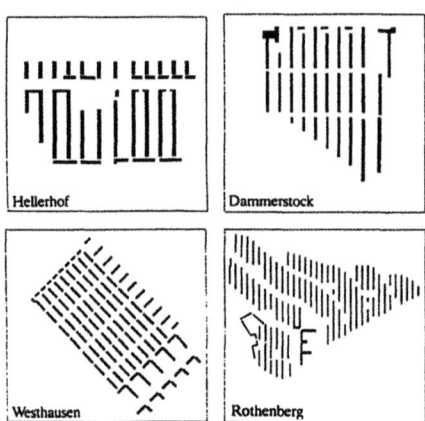

Zeilenbau der 1920er Jahre – Auflösung der Stadt als Raumgefüge

Einige Architekten wollten noch weitergehen: Sie wollten nicht nur die Wohnverhältnisse und die Formensprache der Architektur des Historismus überwinden, sondern auch den Städtebau generell, alles was frühere Epochen hervorgebracht haben.

Ludwig Hilberseimer und Le Corbusier zeigten Stadtentwürfe, die exemplarisch für die Visionen jener Zeit sind:

Hilberseimers Entwurf für eine Bebauung westlich des Gendarmenmarkts in Berlin, 1924

Der 1922 von Le Corbusier entwickelte und 1929 weiter bearbeitete "Plan Voisin" zeigt seine urbanistischen Grundsatzerwägungen für eine "ville contemporaine", angewandt auf Paris. Wir sehen ein riesiges Areal von mehreren hundert Hektar auf dem rechten Seineufer, mit einem Feld gleicher, regelmäßig gereihter Hochhäuser und niedriger Zeilenbauten besetzt, ohne jegliche Bezugnahme auf die vorhandene Struktur. Dieser Stadtentwurf zeigt nur stereotype freiplastische Baukörper in einem Niemandsland.

Le Corbusiers Entwurf für eine Umgestaltung der nördlichen Innenstadt von Paris, 1922/-29

In solchen Raumvisionen gab es keine gefassten Straßen und Plätze. Allseitige Offenheit war das Ziel. Die Baukörper sollten ungebrochen dem Licht ausgesetzt werden, freistehend, ohne repräsentatives Davor und privates Dahinter.

Der öffentliche Raum, als städtischer Innenraum mit Aufenthaltsfunktion, war für die klassische Moderne der 20er und 30er Jahre nicht von Interesse. Le Corbusier brachte Mitte der 30er Jahre die verhängnisvolle Definition, die Straße sei "eine pure Bewegungsmaschine". In diesem Sinne wurden die Straßen auf ihre Funktion als Erschließungsanlagen reduziert und verkehrsgerecht angelegt.

Nach dem Zweiten Weltkrieg wurden die Strukturvorstellungen der Städtebauer der 20er Jahre wieder aufgegriffen. Hans Bernhard Reichow und viele seiner Berufskollegen, insbesondere Johann Göderitz, Hubert Hoffmann und Roland Rainer, forderten eine radikale Abkehr von der verhassten, ungesunden, lebensfeindlichen Stadt der Gründerzeit. Sie forderten eine umfassende Neu- und Umgestaltung der Großstädte, ja sogar eine „bis an die Wurzel des Übels gehende Neuordnung des gesamten Städtewesens", um mit Hilfe der Stadtbaukunst, der „Königin der Künste" die „organische Stadtlandschaft" zu formen (Reichow).

Die Jahrtausende alte Vorstellung von Straße und Platz als ein von Häusern gefasster öffentlicher Raum wurde aufgegeben. Die Vorstellungen einer organischen Stadtlandschaft und einer verkehrsgerechten Stadt gingen ein in das Leitbild einer „gegliederten und aufgelockerten Stadt", so der Buchtitel von Göderitz, Hofmann und Rainer, das 1957 bekannt und allgemeiner städtebaulicher Konsens wurde, zumindest im Zusammenhang mit Stadterweiterungen.

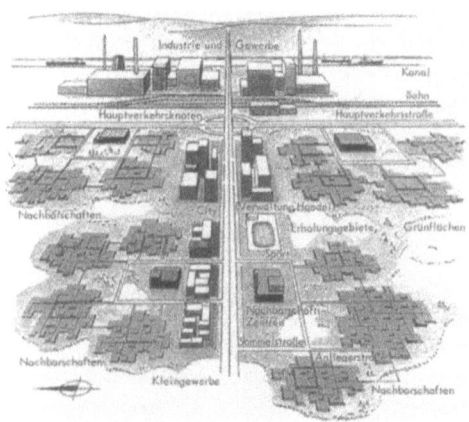

Schema einer gegliederten und aufgelockerten Stadt

Die Stadt wurde jetzt mehr und mehr von einem räumlich geschlossenen Gebilde zu einem offenen Stadt-Land-Kontinuum entwickelt. Wie von Le Corbusier und Hilberseimer vorgedacht, wurde städtischer Raum nicht mehr als Hohlraum zwischen Gebäudekanten und als Wirkungsfeld städtischen Lebens empfunden und dementsprechend gestaltet, sondern als offener geografischer Raum, als Träger solitärer Baukörper und der Verkehrswegenetze.

Zur Bedeutung und Gestaltung von Hauptverkehrsstraßen

Hamburg, Grindelberg – Solitäre Wohnscheiben in einem Niemandsland

Das Hansaviertel in Berlin, zur Internationalen Bauausstellung 1957 errichtet, zeigt ein fast straßenloses Stadtquartier mit solitären Baukörpern, die frei in eine Parklandschaft gestellt sind. Im Begleitheft zur Ausstellung mit dem Titel "Die Stadt von morgen" ist zu lesen: "Die Grünfläche ist das Gerüst der städtebaulichen Gliederung und bildet die Mitte der Stadt. ... Sie tritt als Mitte der Stadt an die Stelle der gebauten städtebaulichen Mittelpunkte früherer Zeit (Kirche, Schloss usw.). ... In der Stadt von morgen wird der Fahrverkehr nach seinen verschiedenen Arten getrennt geführt. ... In der Stadt von morgen wird der Mensch – seinen biologischen Gesetzen gemäß – gesund leben."

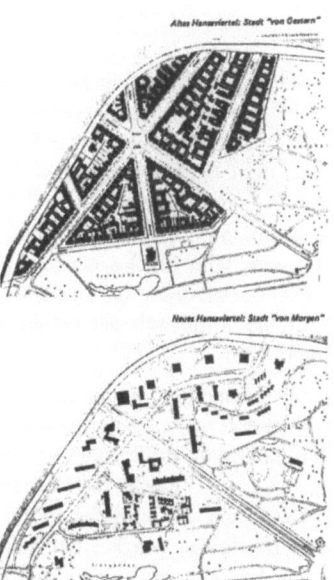

Berlin, Hansaviertel – Auflösung der Stadt als Raumgefüge

Die Jahrtausende alte Vorstellung von Straße und Platz als ein von Häusern gefasster öffentlicher Raum wurde aufgegeben.

Hannovers Neustrukturierung nach dem Zweiten Weltkrieg

In Hannover wirkte Rudolf Hilleberecht als Stadtbaurat. Auch er hasste die gründerzeitliche Stadt und wollte eine gegliederte, aufgelockerte und vor allem verkehrsgerechte Stadt.

Kern seiner Neuplanung war eine völlig neue Verkehrsführung: weg von der radiokonzentrischen, hin zur Ringerschließung der Innenstadt, mit den „geräumig angelegten Verkehrsgelenken Ägidientorplatz, Kröpcke, Steintor".

Hannover, Aegidientorplatz – Geräumig aber unräumlich

Die gravierendste Umgestaltung vollzog sich zwischen Waterlooplatz und Goethestraße. Die Trümmer der ehemals kleinkörnigen und dichten Bebauung auf dem linken Leineufer, dem Übergangsbereich zur Calenberger Neustadt, der ersten Stadterweiterung aus dem 17. Jahrhundert, wurden in einer Breite von ca. 100 m planiert und ein alter Leine-Nebenarm mit Trümmerschutt verfüllt. Auf diesem neuen, deutlich angehobenen Stadtboden wurde ein Abschnitt des Innenstadtrings angelegt. Seine westliche Flanke wurde „aufgelockert" mit Verwaltungsgebäuden besetzt. Das südlich davon auf altem Niveau erhalten gebliebene Archivgebäude wirkt neben der Straße wie abgesackt. Die Calenberger Neustadt ist von der Innenstadt abgetrennt.

In manchen Städten gab es Planungen, sogar die zerstörten Altstadtkerne mit offener Bebauung, „aufgelockert" neu zu strukturieren. Auch in Hannover, wo z. B. Zeilenbauten zwischen Schmiedestraße und Knochenhauerstraße sowie am Hohen Ufer vorgeschlagen wurden. Realisiert wurden diese Ideen nicht. Aber auch ohnedies wurde die räumliche Struktur des mittelalterlichen Stadtkerns tief greifend verändert: Einige Baufelder wurden bebauungsfrei gelassen, um dort Parkplätze anzulegen, z. B. Am Marstall oder hinter der Markthalle, und viele historische Straßenräume wurden verkehrsgerecht verbreitert, und damit in ihren Raumproportionen wesentlich verändert.

Zur Bedeutung und Gestaltung von Hauptverkehrsstraßen 59

Hannover, Leibnizufer – Eine Schneise zwischen Altstadt und Calenberger Neustadt

Hannover – Planungsvorschlag zum Wiederaufbau der Innenstadt mit Zeilenbauten

Hannover steht in dieser Hinsicht aber nicht allein. Michael Trieb schrieb im Vorwort zu seinem 1974 erschienenen Buch "Stadtgestalt –Theorie und Praxis": "Der Nachkriegsaufbau zeigt einen Verlust an Stadtgestalt, wie wir ihn in der Geschichte der Stadt noch nie erlebt haben."

Damit waren selbstverständlich auch die Stadterweiterungsgebiete der 60er und 70er Jahre gemeint, die zumeist offene, raumlose, überall ähnliche Strukturen aufweisen und daher monoton und verwechselbar erscheinen.

Allgemeine Trendwende: Wiederentdeckung des öffentlichen Raums

Mitte der 70er Jahre war aber schon eine Wende eingeleitet. Nach der Inkraftsetzung des Städtebauförderungsgesetzes, 1971, richtete sich das öffentliche Interesse mehr und mehr auf die Sanierung historischer Stadtkerne. Angesichts jahrelanger Vernachlässigung und Fehlentwicklung der Innenstädte, das meint Verdrängung der Wohnbevölkerung durch Einzelhandel, Büros und Verwaltungen und ungebremste Überflutung durch Kfz-Verkehr, besann man sich ihrer Qualitäten. Bundesweit wurden Anstrengungen unternommen, die historischen Innenstädte zu erneuern und wieder zu beleben. Dabei ging es nicht nur um Substanz- und Funktionssanierung, sondern ebenso um die Bewahrung ihrer Gestaltqualitäten, ihrer stadträumlichen und architektonischen Besonderheiten und Unverwechselbarkeiten.

Als dann die ersten Erfolge sichtbar wurden, und gleichzeitig die Kritik an den teils monströsen Baustrukturen der Großwohnsiedlungen auf grünen Wiesen immer heftiger wurde, fanden mehr und mehr Stimmen Gehör, die eine Rückbesinnung auf den klassischen Städtebau forderten. Einen Städtebau, dessen letztes und höchstes Ziel darin zu sehen ist, reizvolle, spannungsreiche Straßen- und Platzräume zu schaffen.

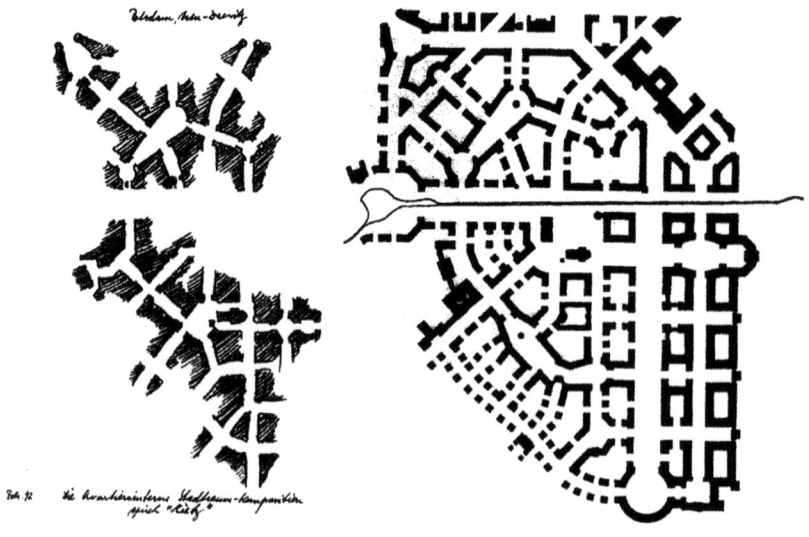

Potsdam, Kirchsteigfeld – Entwurfsstudie und Siedlungsgrundriss

Zur Bedeutung und Gestaltung von Hauptverkehrsstraßen 61

Schon 1889 hatte Camillo Sitte in seinem heute wieder viel beachteten Buch "Der Städtebau nach seinen künstlerischen Grundsätzen" nachdrücklich gefordert: "Straße und Platz sollen nicht mehr einfach als lieblose Überbleibsel zwischen den Parzellen gesehen werden, sondern als Raum, der zu eigenem Recht besteht."

In diesem Sinne wurden in den 90er Jahren Wohnsiedlungen gebaut, deren Siedlungsgrundrisse und Straßenraumbilder, an Beispiele aus dem 19. Jahrhundert erinnern (z. B. Kirchsteigfeld in Potsdam oder Karow-Nord in Berlin). Und die Wiederbebauung der Friedrichstadt, des historischen Zentrums von Berlin, erfolgte zwar mit zeitgemäßer Architektur aber nach historischen städtebaulichen Regeln: geschlossene Raumkanten, Einhaltung vorgegebener Traufhöhen, Wiederherstellung der Straßenraumproportionen. „Kritische Rekonstruktion" hieß das, durchaus kontrovers diskutierte, Leitbild im Berlin der 90er Jahre

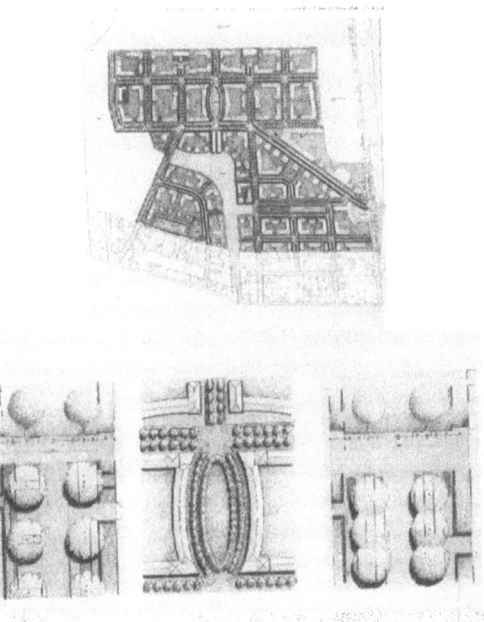

Berlin, Karow-Nord – Siedlungsgrundriss und Studien zur Straßenraumgestaltung

In Hannover wurde eine derartige Neuorientierung wohl kaum erwogen. Diese Stadt, deren Neustrukturierung nach den Zerstörungen des Krieges als beispielhaft galt, die sogar mit ihrem Stadtbaurat Hillebrecht eine Titelgeschichte des SPIEGEL erreichte, ist in den 50er Jahren so stark geprägt worden, dass eine Rückkehr zu einer Stadtgestalt mit abwechslungsreichen, spannungsvoll geschlossenen, engen und weiten Stadträumen kaum mehr möglich scheint.

Politisch war das bisher wohl auch nicht gewollt. Ein leitender Vertreter des Stadtplanungsamts erklärte mir einmal: "Diese Stadt versteht sich als Stadt der 50er Jahre".

Ob das ein Prädikat ist, bleibt heute wie damals zweifelhaft. Christoph Hackelsberger erzählte am Fachbereichstag unserer Architekturfakultät im Jahre 1987: "Hannover war in den 50er Jahren, als ich studiert habe, für alle am modernen Städtebau Interessierten das Mekka. Wenn man aber an der Hochschule in München von Hannover gesprochen hat, dann ist irgendjemand sofort geflitzt, um die Weihwasserflasche zu holen. Das war das Teuflische an sich. Was hier geschehen ist, war also ganz furchtbar. Wie man die Tradition in dieser Weise aufgeben kann, war unvorstellbar."

Zur Gestaltung des öffentlichen Raums

Was können wir tun, um attraktive Stadträume zu schaffen, Stadträume, in denen die Menschen sich gern bewegen und auch gern verweilen?

Dazu bedarf es sicherlich der Schönheit, wie Herr Spengelin vor drei Wochen an dieser Stelle ausführte. Er zitierte Albrecht Dürer, der sich die Frage gestellt hatte, was denn Schönheit sei, und der diese nicht beantworten konnte. Niemand kann das, Gestaltphänomene wirken individuell sehr unterschiedlich.

Für mich sind schön gestaltete Stadtgefüge wie gute Musik: Die kompositorischen Elemente sind einander ähnlich. Das Grundgerüst ist eine Folge von Themen und Motiven, die entwickelt, wiederholt oder variiert werden. Spannung wird erzeugt durch Hinzufügung von Akzenten und durch Gliederung in Phasen von Anspannung und Entspannung, Crescendo und Decrescendo, laut und leise, heben und senken, Enge und Weite, hell und dunkel, geschlossen und offen, Zurückhaltung und Hervortreten, also durch Kontraste.

Friedrich Spengelin schrieb im Katalog zur Internationalen Bauausstellung in Berlin 1984: "Die Spannung zwischen Enge und Weite, das Erkennbarmachen von Sequenzen, das Verschwenken der Richtungen und die Änderung des Höhenprofils, die, wenn sie zusammenfallen sich bedeutend verstärken, sind Kunstgriffe, die heute so gültig sind wie ehemals."

Elemente der Stadtgestaltung und ihre Erscheinungsformen in Hannover

Man kann das heutige Hannover nicht noch einmal umstrukturieren, aber man könnte stellenweise eingreifen, Lücken schließen, mal eine Engstelle einbauen, einen Platzraum schaffen.

Eine solche Chance bot sich z. B. vor etwa 10 Jahren beim Neubau des Hauses Schillerstraße 22, Ecke Andreaestraße. Dort stand bis dahin ein eingeschossiger Nachkriegsbau. Hätte man den Neubau deutlich nach Südwesten in die Andreaestraße, Richtung Georgstraße vorgeschoben, so hätte man hier einen kleinen, südländisch engen Platzraum geschaffen. Und zugleich hätte die Schillerstraße, die hier beidseitig große Lücken aufweist, eine Führungswand erhalten. So aber schaut man weiterhin aus der Georgstraße kommend tief durch die Herschelstraße bis zum Bahndamm - mit der Betonfassade des Parkhauses als dominantem Mittelgrund des Straßenbildes.

Hannover – Alternative Grundfläche zum Neubau des Hauses Schillerstraße 22 zwecks Schaffung eines Platzraums

Am Aegidientorplatz hat die Stadt in jüngster Zeit ein ähnliches Vorschieben eines Baukörpers in den öffentlichen Raum zugelassen. Eine mutige städtebauliche Maßnahme. Mit dem so genannten Torhaus erhalten gleich drei Straßen visuelle Raumabschlüsse, der Friedrichswall, die Georgstraße und die Hildesheimer Straße.

Torsituationen, bauliche Engstellen und damit Zäsuren zwischen unterschiedlichen Bereichen bräuchte die Stadt an mehreren Stellen, z B. am Ende der Karmarschstraße, wo die Altstadt unvermittelt ausläuft.

Was macht Straßenräume langweilig oder kurzweilig? Dieser Frage ging schon Herr Spengelin in seinem Vortrag nach. Ich will deshalb in diesem Zusammenhang nur noch das Thema Hauseingänge ansprechen. Kurzweilig sind z. B. Wege entlang vielfältig gestalteter, lebendiger Raumwände, gebildet aus Häusern, die sich zur Straße hin öffnen, mit Fenstern und Eingängen. Hier fühlt sich der Passant sicher.

In Hannover sind viele straßenseitigen Hauseingänge verschlossen. Die Zugänge sind nach hinten verlegt, wo geparkt wird, bequem, funktionalistisch. So z. B.

beim bauhistorisch bedeutenden Palais Wangenheim, Ecke Friedrichswall/Karmarschstraße. Auf den bröckelnden Stufen des Haupteingangs wachsen Flechten.

Hannover, Palais Wangenheim – Ein bedeutendes Haus mit einem durch einen Portikus betonten Eingang, leider verschlossen

Manche Nachkriegsbauten haben überhaupt keine Eingänge zur Straße hin. Straßen mit solch leblosen Fassaden wirken abweisend.

Bei vielen modernen Gebäuden sind die Eingänge nur schwer erkennbar, wie z. B. entlang der mehr als 140 m langen glatten Glasfassade des Gebäudes der NORD/LB. Früher wurden Eingänge immer betont, von dezent bis pompös. Allein durch eine hervortretende Rahmung und eine zurückgenommene Türfront entsteht eine typische Eingangssituation, nämlich eine leicht konkave. Konkav geformte Eingänge zeigen eine Empfangsgeste, konvexe hingegen sind abweisend.

Was für die Eingangssituation gilt, gilt auch für das Gebäude.

Konvexe Gebäudehüllen können nicht Raum bilden. Sie bieten keinen Halt, alle Bewegung strömt vorbei, wie der Wind. Ihre gewölbten Rundungen beziehen sich auf die eigene Mitte. Dementsprechend ist dies die typische Bauform für solitär stehende Versammlungsstätten, wie die Arenen der Antike, viele Konzerthallen wie die Royal-Albert-Hall, die Stadthalle in Hannover, oder wie die modernen Fußballstadien.

Hannover hat mehrere Gebäude, die sich dort, wo sie Stadtraum fassen könnten, modisch konvex in den Raum hineinwölben, z. B. an der Nordwestseite des Königsworther Platzes, an der Einmündung der Vahrenwalderstraße in die Hamburger Allee, oder am Braunschweiger Platz das Einrichtungshaus Steinhoff und auch dessen Gegenüber. Noch nie habe ich dort Menschen verweilen gesehen. In Paris hat Kenzo Tange einen Teilbereich der Place d'Italie mit einer konkaven Gebäudefassade gefasst. Dort ist Stadtraum geschaffen worden. Dementsprechend hoch ist die Frequentierung durch Fußgänger.

Konkav oder konvex ist auch eine gewichtige Frage bei der Ausbildung des Stadtbodens. Die Wirkung seines Reliefs wird viel zu wenig beachtet.

Zur Bedeutung und Gestaltung von Hauptverkehrsstraßen 65

Hannover, Braunschweiger Platz – Eine konvexe Gebäudehülle kann nicht öffentlichen Raum bilden

Paris, Place d'Italie – Eine konkave Platzwand vermittelt Geborgenheit

Konvexe, gewölbte Flächen, Hügelprofile, drücken die Raumwände optisch auseinander. Sie lassen daher den Raum breiter wirken. Sie bieten weniger Geborgenheit, und daher weniger Anreiz zum Verweilen.

Konkave Bodenprofile, Muldenprofile, ziehen die Raumwände optisch zusammen. Sie lassen den Raum enger erscheinen. Sie steigern das Gefühl, sich im Raum zu befinden und bieten daher mehr Geborgenheit. Dies gilt für Quer- wie Längsprofile.

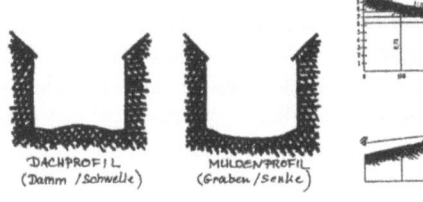
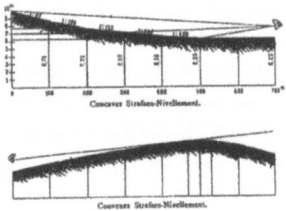

Konkave und konvexe Stadtbodenprofile im Quer- und Längsschnitt

Die Wirkungen werden noch verstärkt, wenn die Profile mit entsprechenden Bodenbelagsmustern kombiniert werden. Hierzu zwei klassische Beispiele aus Rom:

Der Kapitolsplatz, ein trapezförmiger Raum. Der Boden ist als Hügel ausgebildet, der Hochpunkt ist durch das Reiterstandbild des Marc Aurel überhöht. Das Hügelprofil drückt die Wände des Platzraums optisch auseinander und lässt ihn, wie gewollt, größer erscheinen als er ist (72 x 38-55 m). Das oval gefasste sternförmige Muster des Bodenbelags hat Zentrifugalkraft und bewirkt zusätzlich eine Ausdehnung.

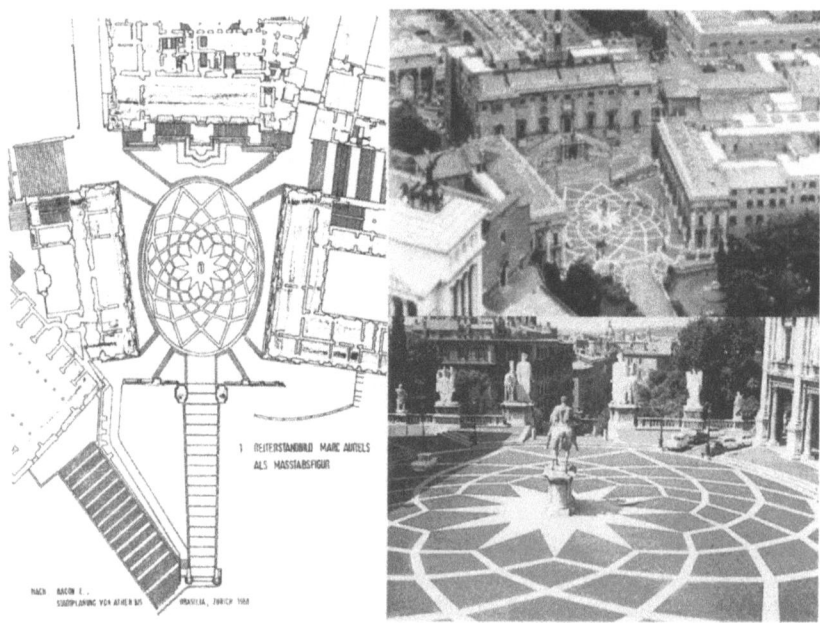

Rom, Kapitolsplatz – Platzraum mit konvexem, hügelförmigem Bodenprofil

Der Petersplatz, ein ausgedehnter ellipsenförmiger Raum (196 x 142 m), eingefasst von nur 19 m hohen Kolonnaden mit weiten Öffnungen an den Längsseiten. Der Boden des Platzes fällt zur Mitte hin ab. Dieses Muldenprofil bewirkt, dass der Platz kleiner erscheint als er ist. Es bewirkt auch, dass der Raum geschlossen wirkt, trotz der relativ geringen Höhe der Kolonnaden und der beiden großen Öffnungen. Die radiale Musterung des Bodenbelags verstärkt den Eindruck, sich im Raum zu befinden, obgleich dieser eigentlich nur aus zwei stark konkaven Säulenwänden besteht.

Zur Bedeutung und Gestaltung von Hauptverkehrsstraßen 67

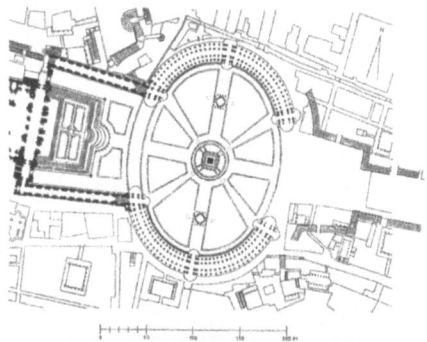

Rom, Petersplatz – Platzraum mit konkavem, muldenförmigem Bodenprofil

In Hannover ist der Stadtboden meist konvex. Das mag die Entwässerung vereinfachen, vielleicht auch verbilligen, wirkt aber trennend und abweisend.

Betrachten wir den Aegidientorplatz. Dort hat man nach Abbau der Hochstraße die Straßenmitte mindestens um 40 cm erhöht. Jetzt wirkt sie wie eine optische Schwelle und macht den Friedrichswall in diesem Bereich noch breiter und trennender als er ohnehin schon ist. Fährt man aus der Marienstraße in den Platzraum ein, so erscheint die mittige Kuppe aus der Position eines Pkw-Fahrers so hoch, dass kaum zu erkennen ist, wie es dahinter weiter geht.

In Rom sind viele der touristisch bekannten Plätze muldenförmig ausgebildet, z.B. die Piazza del Popolo oder der Platz mit dem Schildkrötenbrunnen, was sicherlich dazu beiträgt, dass man sich in Rom fast überall wie in Innenräumen fühlt.

In Hannover gibt es solche Stadträume nicht. Auch die in jüngerer Zeit neu angelegten Platzflächen am Schwarzen Bären und am Küchengarten haben konvexe Bodenprofile.

Bedauerlich ist die Situation in der näheren Umgebung des Friederikenplatzes. Dort hat man, wie vorher schon beschrieben, nach dem Krieg Trümmerschutt eingeebnet, so dass das Gelände erheblich erhöht wurde. In der Folgezeit wurden die Verkehrsflächen im Zuge von Umbaumaßnahmen wahrscheinlich weiter angehoben, mit der Folge, dass man jetzt vom Aegidientorplatz kommend auf eine leichte Kuppe zufährt und die wertvollen historischen Gebäude dahinter, Archiv und Stadtschloss, wie abgesackt erscheinen. Dabei erwartet man bei solchen Sonderbauten berechtigterweise eher eine gegensätzliche, nämlich herausgehobene Position.

Hannover, Friederikenplatz – Angehöhte Verkehrsflächen lassen die Gebäude optisch „versinken"

Zur Einrichtung der Räume:

In der EAHV ist unter Ziffer 4.4.6. zu lesen: "Oft entstehen unvertretbare Eingriffe in das Erscheinungsbild von Straßen- und Platzräumen ... durch unkoordinierte oder sektoral optimierte Fachplanungen und durch nicht abgestimmte Formen, Proportionen, Größen und Materialien für die oberirdisch sichtbaren Einbauten der Ver- und Entsorgungsträger." Ich füge hinzu, mit Blick auf Hannover: sowie durch zurückgelassene oder verwahrloste Baustellenabsperrungen, durch Müllcontainer und vor allem durch Werbeelemente.

Von vielen Straßen- und Platzräumen wird zu viel verlangt. Sie sollen zu viele Funktionen erfüllen. Es wird immer mehr hinzugefügt, kaum mal etwas weggenommen. Dies führt zur Überfüllung und zur Beeinträchtigung der ohnedies wenigen Blickfänge, die Hannover zu bieten hat.

Zur Bedeutung und Gestaltung von Hauptverkehrsstraßen

Hannover, Hamburger Allee – Müllcontainer und sonstiges Gerümpel bestimmen das Erscheinungsbild

So lässt sich z. B. der von Frank O. Gehry gestaltete „Busstop" am Braunschweiger Platz aus keinem Blickwinkel unbeeinträchtigt betrachten. In seiner unmittelbaren Nachbarschaft stehen eine Litfasssäule, eine Streukiste, zwei Informationsschilder der Üstra, und weiteres sogenanntes Mobiliar. Und im Blick aus der Hans-Böckler-Allee ist der Vordergrund mit Werbeelementen verstellt.

Hannover, „Busstop" am Braunschweiger Platz – Durch Schilder, Masten, Litfaßsäule u. Streukiste bedrängt und im Blick aus anderer Richtung durch Werbetafeln beeinträchtigt

Werbeanlagen verunstalten gegenwärtig die Stadt in besonders hohem Maße. Sie verstellen den Blick auf die Architektur, sie verunstalten Details der öffentlichen Räume wie z. B. Mauern oder Brüstungen von U-Bahn-Abgängen und sie beeinträchtigen die Wirkung von Skulpturen wie z. B. die „Mikado"-Plastik auf dem Königsworther Platz. – Das Besondere wird herabgewürdigt.

Das Besondere braucht eine ruhige Umgebung. Denn wo alle laut sind, kann einer den anderen nicht mehr verstehen, und wer sich bemerkbar machen will, muss noch lauter werden. In einer ruhigen Umgebung dagegen braucht man nur leicht die Stimme zu heben um sich bemerkbar zu machen.

Hannover, „Mikado"-Skulptur durch gleichfarbige Werbetafeln in der Nachbarschaft entwertet

Auf dem westlichen Cityring sind inzwischen an allen Ampelstops Werbetafeln platziert. Dort, wo der Autofahrer zum Stillstand kommt und seine Umgebung anschauen könnte, ist der freie Blick auf die Besonderheiten der Stadträume verstellt, z. B. auf den Brunnen mit dem Sämann in Höhe Schlossstraße/Calenberger Straße. Diese Methode der Werbung ist perfide!

Hannover, Cityring – Der Blick auf den Brunnen ist durch Werbetafeln verstellt

Hannover, Kiosk an den Herrenhäuser Gärten – Durchzogen und umgeben von Gerümpel

Zur Bedeutung und Gestaltung von Hauptverkehrsstraßen 71

Wir erleben eine Vulgarisierung des öffentlichen Raums. Stellenweise sind die Straßenräume derart mit Funktionselementen vollgestellt, dass diese in der Gesamtschau wie Gerümpel wirken. Und alle Elemente scheinen gleich wichtig und gleich gültig. Irgendwo habe ich den Satz gelesen: "Wo alles gleich gültig ist, ist bald vielen alles gleichgültig." - Dies führt zur Verwahrlosung.

Zum Schluss

Die hier skizzierten Missstände zeugen von Gedankenlosigkeit, Gleichgültigkeit, Rücksichtslosigkeit, weniger von bewusster Planung. - Da muss sich etwas ändern.

Alle an der Gestaltung der Stadt beteiligten Akteure müssen den Erscheinungsbildern der Hauptverkehrsbereiche wieder mehr Aufmerksamkeit widmen, und sie müssen deren Gestaltung ganzheitlich sehen.

Zu allererst müssen die Straßen- und Platzräume einmal kritisch durchgesehen und entrümpelt werden.

Speyer, Domplatz – Keine Angst vor der Leere. Mit wenigen Elementen ist die Nutzung der Fläche geregelt

Bei der Planung müssen die technischen Behörden und Versorgungsträger frühzeitig einbezogen und gegebenenfalls „diszipliniert" werden. Es kann nicht sein, dass die erforderlichen vielen Schaltkästen und -schränke und Schilder vorrangig nach funktionalen und wirtschaftlichen Überlegungen angeordnet werden. Sie müssen in das geplante Erscheinungsbild verträglich integriert werden, auch wenn das etwas mehr kostet.

Die größte Gefahr der Verunstaltung der öffentlichen Räume droht in diesen Zeiten durch die Werbung. Die Plakatwerbung muss radikal aus den gestalterisch interessanten und publikumsattraktiven Bereichen herausgehalten werden. Illegales Plakatieren muss ausnahmslos verfolgt werden.

Jüngst befasste sich sogar Oberbürgermeister Schmalstieg mit dem Thema "Gestaltung der Hauptverkehrsstraßen": Er befand die Hans-Böckler-Allee auf gutem

Wege, sich zu einer prachtvollen Eingangsstraße zur Stadt zu entwickeln (Süd-Stadt-Anzeiger vom 23.03.2006). Das ließ eine Sensibilisierung für das Bild der Stadt vermuten. Doch wenige Tage später war zu lesen, dass auch diese Straße weiterhin an die Werbung verkauft wird.

Literaturhinweise (Auswahl):

Brinckmann, A. E. : Deutsche Stadtbaukunst in der Vergangenheit. Vieweg-Verlag Braunschweig 1985 (Reprint der 2. Aufl. von 1921)

Gruber, Karl: Die Gestalt der deutschen Stadt. Callwey-Verlag München, 2. Aufl. 1976

Lynch, Kevin: Das Bild der Stadt, Bauwelt Fundamente 16, Verlag Ullstein Frankfurt 1965

Norberg-Schulz, Christian: Genius Loci: Landschaft, Lebensraum, Baukunst. Klett-Cotta, Stuttgart 1982 (Kapitel: Rom)

Pahl, Jürgen: Die Stadt im Aufbruch der perspektivischen Welt. Verlag Ullstein, Frankfurt 1963

Sitte, Camillo: Der Städtebau nach seinen künstlerischen Grundsätzen. Vieweg-Verlag Braunschweig 1983 (Reprint der 4. Aufl. von 1909)

Summerson, John: Die Architektur des 18. Jahrhunderts. Verlag Hatje Stuttgart 1987

Trieb, Michael: Stadtgestaltung – Theorie und Praxis, Bauwelt Fundamente 43, Düsseldorf 1974

Bernhard Friedrich

Verkehr und öffentlicher Raum. Stadtraum als Spiegel der Gesellschaft

Öffentlicher Raum – Verkehrsraum

Der öffentliche Raum in unseren Städten ist auch immer Verkehrsraum, der Aktivitäten verbindet und in dem Aktivitäten ihren Platz finden. Flanieren, Spielen, Spazieren, Radfahren, teilweise Einkaufen, Essen und Arbeiten, all das findet im öffentlichen Raum statt, der den Städten ihren jeweiligen Charakter gibt. Das Erleben der gebauten Umwelt Stadt ist in erster Linie von der Gestaltung und der Nutzung der öffentlichen Flächen abhängig. Sind sie einladend und freundlich, lebendig und genutzt, wird auch die Stadt bzw. das Stadtquartier als freundlich und attraktiv empfunden.

Sicherlich wird eine Stadt auch durch ihre Gebäude geprägt. Und natürlich sind spektakuläre Bauwerke die Wahrzeichen der jeweiligen Städte. Dennoch, Fassaden sind das Beiwerk, der äußere Rahmen für den Stadtplatz und den Straßenraum. Im Eigentlichen wird der Stadtraum durch seine dreidimensionale Form und die Nutzungen definiert, zu denen er einlädt. So ist die Planung der Nutzungen unmittelbar Stadtplanung. Umgekehrt ergibt sich keine brauchbare Stadtplanung, wenn nicht in Zusammenhang mit städtebaulichen Überlegungen gleichzeitig funktionierende (!) Nutzungen vorgedacht werden. Hier wird Verkehrsplanung zur Stadtplanung.

Öffentlicher Raum als Spiegel der Gesellschaft

Die Gesellschaften in unterschiedlichen Kulturkreisen unterscheiden sich sehr grundsätzlich in der Weise, wie sie den öffentlichen Raum in ihren Städten nutzen. Dies hat mit dem Grad an Organisation zu tun, mit klimatischen Bedingungen und auch mit kulturellen Vorlieben. Durch die jeweilige Nutzungsart und -mischung wird das Stadtbild maßgebend beeinflusst. Die Gleichzeitigkeit, in der Fußgänger- und Autoverkehr, Handel, Aufenthalt und Kinderspiel in einer afrikanischen Stadt den Straßenraum einnehmen, ist so ganz anders als die funktionale Trennung in europäischen Städten. In der europäischen Stadt steht auch der geplante Ablauf, der ein reibungsloses (sicheres) Miteinander unterschiedlicher Verkehrsarten sichern soll, im Vordergrund, während Städte anderer Kulturkreise mehr der Selbstorganisation überlassen sind.

Bild 1: *Straße in Kisumu am Victoriasee (Kenia) und Maximilianstraße in München*

Verkehrsplanung und Stadtstruktur

Nun kann man Städtebau als organischen Prozess begreifen (oder wie Rem Kolhaas propagieren), der lokal öffentliche Bereiche ausformt, die genau zu dem Bedarf an vorhandenen Nutzungen passen. Anders formuliert: Nur das, was lokal gerade benötigt wird, schafft sich den Platz, vereinnahmt ihn und füllt ihn aus. Das Gesamtsystem kommt damit in ein Gleichgewicht, in dem alle Bedürfnisse ideal erfüllt sind.

Diese Vorstellung übersieht die Wechselwirkungen zwischen den einzelnen lokalen Aktivitäten. Das, was lokal ideal erscheint, ist in einem weiteren Kontext nicht sinnvoll und führt zu Verwerfungen im wirtschaftlichen Sinne und zu Verkehrsproblemen. Ein typisches Beispiel hierfür ist das Einkaufszentrum auf der grünen Wiese, das an anderer Stelle zur Verödung führt und zugleich Verkehrsprobleme mit sich bringt.

Verkehr und öffentlicher Raum. Stadtraum als Spiegel der Gesellschaft   75

Die Frage, was geplant werden soll und was sich organisch entwickeln darf, wird also nicht erst bei der Nutzung des Raumes relevant. Bereits bei den Grundstrukturen der Stadt werden die Festlegungen getroffen, die für die Funktion und das Erscheinungsbild der einzelnen Räume bestimmend sind. Typischerweise betreffen die Festlegungen die Aufgaben der Straßen, nämlich Verbinden, Sammeln, Erschließen und den Aufenthalt. Sind diese Funktionen festgelegt, sind auch die Dimensionen des Straßenraums und die angrenzende Nutzung vorbestimmt.

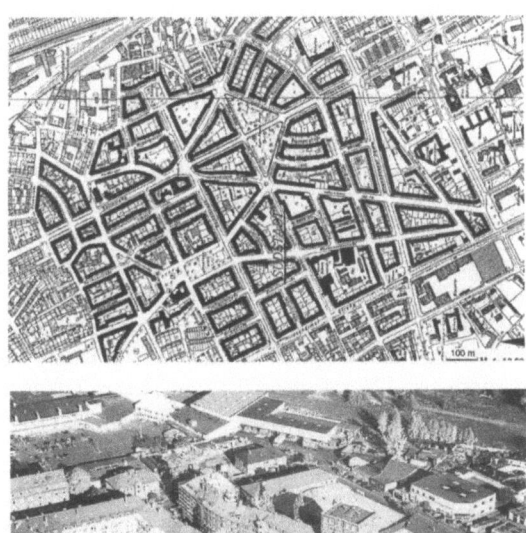

Bild 2: Hannover Südstadt nach den Plänen von Karl Elkart (Bild aus D. Reinborn, Städtebau im 19. und 20 Jahrhundert. Verlag W. Kohlhammer, 1996)

Spätestens seit der Renaissance werden die europäischen Städte nach diesem Prinzip geplant, entwickelt und funktionieren damit seit Jahrhunderten ganz hervorragend. Dem Stadtbild hat die Stadtplanung nach dem 'Großen Plan' sicher nicht geschadet. So ist es müßig, die großartigen Stadträume aufzuzählen, die durch einen in sich geschlossenen Gesamtplan auch heute die funktionierenden Kerne der Städte sind.

Die Gartenstadtbewegung wie auch die Protagonisten der Charta von Athen folgten wenn auch unter geänderten Zielvorstellungen diesem grundsätzlichen Anspruch des Masterplans. In der Nachkriegszeit der 1950er bis in die 1970er Jahre wurde wiederum in großem Stil geplant und Planungsmaxime entwickelt. So haben die Überlegungen aus Reichows 'Autogerechter Stadt' auch heute noch Aktualität. Lässt man die Polemik, mit der das Werk später auch wegen seines Titels geschmäht wurde, außer Acht, so erhält man auch nach 50 Jahren noch sehr brauchbare Hinweise für die Planung funktionierender Stadtstrukturen. Wohl wurde mit der Abkehr von der Blockbauweise die Ausformung von Stadträumen verlassen, die funktionale Gliederung der Stadt und die dieser Gliederung entsprechende verkehrliche Erschließung standen im Mittelpunkt und haben, wenn sie wie in der Münchner Olympiastadt handwerklich gut gelöst wurden, zu bis heute überzeugenden städtebaulichen Lösungen geführt.

Trotz der mit den Stadtentwicklungsplänen verbundenen Generalverkehrspläne bzw. späteren Verkehrsentwicklungspläne, wird seit den 1970er Jahren kaum noch in größerem Kontext geplant. Grund ist die 'Demokratisierung' der Planung, in der mit Bürgerbeteiligung der kleinste gemeinsame Nenner gefunden werden muss, und es liegt an den vielerlei Betroffenheiten der in Interessensfraktionen zersplitterten Kommunalpolitik. Die Ignoranz der Kommunalpolitik geht einher mit dem mangelnden Verständnis großräumiger Strukturen in weiten Kreisen der Bevölkerung (der Parkplatz vor der Haustür ist am wichtigsten) und manchen Ratsfraktionen und Verbänden fällt zum Thema Zukunft der Verkehrs- und Stadtentwicklung nichts anderes als die Abschaffung von Buskaps ein.

Auf diese Weise sind bestehende Verkehrsentwicklungspläne in verschiedenen deutschen Städten zur Makulatur geworden und deren dringend erforderliche Fortschreibung als Richtschnur für die langfristige Entwicklung auf der Strecke geblieben. Die Folgen der Ignoranz stellen sich schleichend ein, sind jedoch gleichwohl für die strukturierte Entwicklung verheerend. Das prototypische Beispiel für diese Entwicklung findet man in Hannover. Zunächst in der Nachkriegszeit bis in die 1970er Jahre unter der Planungswut des Stadtbaurats Hillebrecht mit großen Plänen für die automobile Zukunft gerüstet, verlor die Politik in den 1980er Jahren die Orientierung und überließ die weitere Verkehrsentwicklung mehr oder weniger dem Zufall. Als dann auch noch die Stadt die Kompetenz für die Planung des ÖPNV an die Region abgab, kam zum inhaltlichen Vakuum ein Kompetenzverlust, der jeden Versuch einer integrierten Verkehrsentwicklungsplanung konterkarierte und die Schwäche der Stadtplanung besiegelte.

Hannover ist damit ein gutes Beispiel für eine Untersuchung, was passiert, wenn in einer Stadt für zumindest 30 Jahre kein Gesamtplan der Verkehrsentwicklung mehr verfolgt wird. Stellt sich damit nun das von Kolhaas propagierte Gleichgewicht ein, in dem alle Bedürfnisse ideal erfüllt sind?

Betrachtet man als Maß die gedachte Funktion und tatsächliche Nutzung von Straßen, ist dieses Gleichgewicht mitnichten erreicht. Dort, wo in Hannover das

Verkehr und öffentlicher Raum. Stadtraum als Spiegel der Gesellschaft 77

Hillebrechtsche Tangentenviereck der Schnellstraßen nicht mehr vollendet werden konnte, diffundiert heute der Verkehr durch Sammel- und Erschließungsstraßen, deren Nutzungen dafür nicht ausgelegt sind. Betrachtet man die letzte Festlegung der Straßenfunktionen aus dem Flächennutzungsplan des Jahres 1999 und stellt die Belastungen der Verkehrsmengenkarte von 1995 (**Bild 3** und **Bild 4**) gegenüber, werden die Disparitäten offensichtlich. Mitunter am meisten Verkehr verläuft durch Straßen, die bestenfalls den Charakter von Sammelstraßen haben.

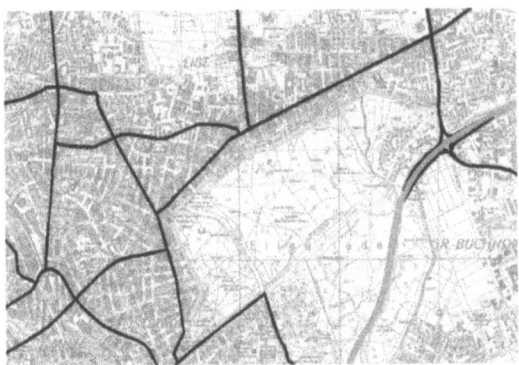

Bild 3: Hauptstraßennetz Hannover aus dem Flächennutzungsplan 2001

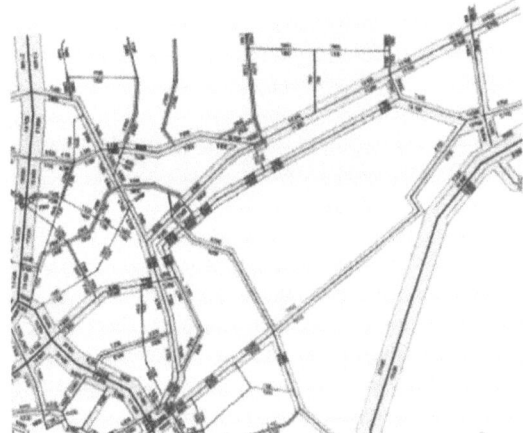

Bild 4: Verkehrsmengenkarte Hannover 1995, Stadt Hannover

Entlang der ursprünglichen und inzwischen aus dem Flächennutzungsplan gestrichenen Trasse weiten sich hingegen neben Schrebergärten unstrukturiert Gewerbegebiete aus.

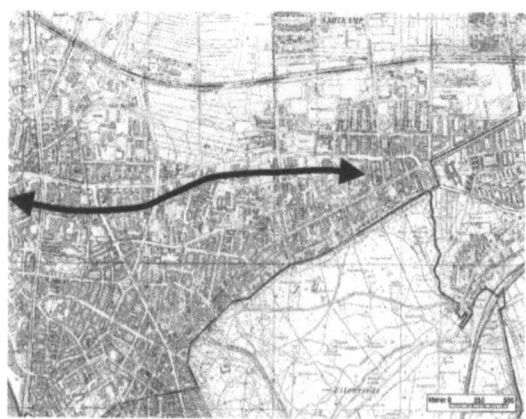

Bild 5: Abschnitt des Trassenverlaufs der geplanten Nordtangente (Niedersachsenring)

Bild 6: Ehemalige Trasse der Nordtangente im Bereich der Kloppstockstraße in Hannover

Steckten die Diskussionen über die langfristige Entwicklung der Verkehrssysteme in den Städten über viele Jahre fest und war schon der Gedanke an eine Vervollständigung (wenn schon nicht an eine Erweiterung) ein Tabu, so haben die damit aufgestauten Probleme vor allem in den Metropolen zu einem veränderten Bewusstsein geführt. Dabei betreffen die Probleme eben nicht nur die durch Staus verursachte vielerorts desolate Verkehrsqualität, sondern insbesondere die Aufenthalts- und Nutzungsqualitäten. In diesem Sinne wurde z.B. in München 1997 mit einem Bürgerentscheid der Bau von drei Tunnels im Zuge des Mittleren Rings gegen die Haltung der Mehrheitsfraktionen im Stadtrat erzwungen. War die Mehrheit für den Bau der Tunnel 1997 noch hauchdünn, so ist deren Akzeptanz heute ausgesprochen groß. Die Vorstellung, der bereits fertig gestellte Petueltunnel, würde nicht existieren, ist für die überwiegende Bevölkerungsmehrheit geradezu abwegig.

Solche großen in die Struktur der Stadt hinein wirkenden Maßnahmen können nicht losgelöst von einer Gesamtplanung zufällig entstehen. Sie müssen schlüssiger Bestandteil einer langfristigen Verkehrsentwicklungsplanung (VEP) sein. Tatsächlich wurden jüngst in München (2006) wie auch in anderen Städten der VEP fortgeschrieben und mit einer gewissen Verbindlichkeit versehen. Im VEP 2007 für Düsseldorf wurden beispielsweise neben der üblichen qualitativen beschriebenen gewünschten Entwicklung Ziele mit konkreten quantitativen Anspruchniveaus versehen.

So ist zu erwarten, dass gerade die Herausforderungen der Umweltproblematik den VEP als nachhaltig wirkendes Steuerungsinstrument wiederbeleben. Denn bei der Verkehrsplanung geht es eben nur zu einem gewissen Teil um den Verkehr als solchen sondern vielmehr um den öffentlichen Raum und die Nebenfolgen des Verkehrs. In diesem Sinne ist die folgende Aussage von H. Lübbe[1] hoch aktuell: "Als wichtigste Grenze der Verkehrsentwicklung erscheint am nahen Zukunftshorizont die wohlfahrtsabhängig sinkende Akzeptanz der Nebenfolgen des Verkehrs".

Aus dieser Sicht entsteht u.a. durch die europäische Gesetzgebung ein neuer Zwang über die Grenzen der Einzelinteressen hinaus übergeordnete Konzepte zu entwickeln. Nach einem vielerorts anhaltenden 30-jährigen Stillstand in der Planung, ist es hierfür höchste Zeit.

Funktionale Nutzung des Straßenraums

Ist die Funktion einer Straße festgelegt, die sie in der Gesamtstruktur eines Netzes einnimmt, ist die Grundlage für die detaillierte Aufteilung des Raums für die unterschiedlichen Nutzergruppen geschaffen. Diese Reihenfolge ist bindend, denn werden erst einmal mehrere Fahrstreifen für den Kfz-Verkehr reserviert, lässt sich die betroffene Straße kaum noch als Anliegerstraße widmen.

Die Nutzergruppen sind mitnichten nur der Kfz-Verkehr, ÖPNV, Radfahrer und die Fußgänger. Zu beachten sind parkende Fahrzeuge, Haltestellen, Flächen für Liefern und Laden, Flächen für Grün, Mittelstreifen als Querungshilfen, Raum für Außenrestauration und Auslagen der Geschäfte.

Aus der geeigneten Flächenzuweisung für die einzelnen Gruppen ergibt sich die erforderliche Breite des Straßenraums und daraus die Proportionen von Straßenraum zur Randbebauung.

---

[1] H. Lübbe: Mobilität - vorerst unaufhaltsam. Internationales Verkehrswesen, Heft 11, 1993, Seite 653-658

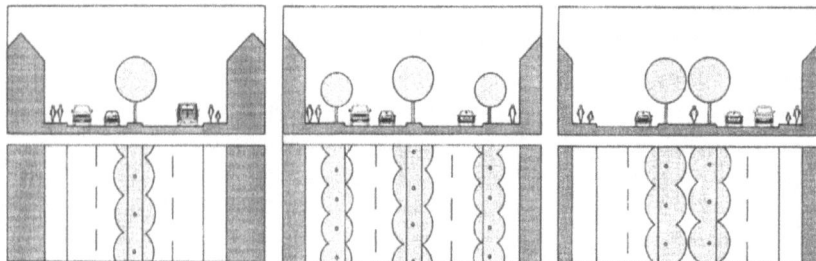

Bild 7: Variation der Nutzungsauteilung in einem Straßenraum

Auch wenn heute in Europa eher im Bestand geplant wird, bleibt die grundsätzliche Reihenfolge von Bedeutung. Ohne eine Festlegung der Netzfunktion lässt sich auch ein bestehender Straßenraum nicht stimmig aufteilen. In diesem Sinne sind Hauptverkehrsstraßen bei der Nutzungsaufteilung als Hauptverkehrsstraßen zu verstehen. Denn kann man sich die Champs-Elysees in Paris, die Regent-Street in London oder eine Kategorie kleiner die Leopoldstraße in München als Radverkehrsstraße vorstellen?

Die Variationsbreite der Aufteilung eines Straßenraums und damit die Möglichkeiten eine gute oder weniger geeignete Funktionsaufteilung zu finden, sind vielfältig. Dies wird augenfällig, wenn die Aufteilung nicht gelungen ist und wichtige Nutzungen außer Acht lässt. So lassen sich großzügige Straßenräume aus der Gründerzeit finden, in der weder Platz für einen Radfahrstreifen, noch für eine Baumreihe oder gar für die Außenrestauration verbleiben, obwohl eine Breite von mehr als 30 m zur Verfügung steht (**Bild 8**).

Bild 8: Einseitige Nutzungsaufteilung in der Podbielskistraße in Hannover

Verkehr und öffentlicher Raum. Stadtraum als Spiegel der Gesellschaft 81

Ursprünglich unausgewogene Aufteilungen werden häufig unzureichend nachgebessert, womit das Problem nicht wirklich gelöst wird (**Bild 9**).

Bild 9: *Radverkehrsführung im Zuge der Celler Str., Hannover*

Andererseits kann können auch für enge historische Straßenquerschnitte elegante Lösungen für die Anforderungen der heutigen Zeit gefunden werden (**Bild 10**).

Bild 10: *Integration der Straßenbahntrasse in einen engen Straßenraum in Bilbao*

Material
Städtebaulich ansprechende und verkehrlich funktionierende Lösungen ergeben sich erst aus dem Dreiklang von Bedeutung der Straße in der Netzstruktur, Nutzungsaufteilung des Straßenraums und Material der Beläge und des Mobiliars.

Auch hier ist die Reihenfolge der Festlegungen von Bedeutung und für die Wahl der Materialien ist eine langfristige Strategie für die Gesamtstadt erforderlich, um nicht in einem Flickenwerk zu enden.

Mit wertigem Material kann ein Straßenraum über seine gesamte Länge aufgewertet werden und Effekte erzielt werden, die mit einer Verschönerung einer Einzelfassade nicht zu erreichen sind.

Bild 11: Fußgängerbereich in der Altstadt von San Sebastian, Spanien

Bild 12: Weiße-Kreuz-Platz, Hannover (Bild aus Zankl, Franz Rudolf: Plätze in Hannover. TAK-Verlag Hannover 1998)

Entscheidet man sich für wertige Materialien, ist es bedeutsam, dass die dauerhafte Instandhaltung und Pflege gewährleistet ist. Denn mit Asphalt geflickte

Plattenbeläge oder verwahrlostes gutes Material wirken armseliger als einfaches Material, das gut gepflegt ist (**Bild 12** und **Bild 13**).

Bild 13: Viktualien-Markt in München

Zum Schluss

Der öffentliche Raum ist Spiegel der Gesellschaft. In diesem Sinne muss der Umgang der Akteure (insbesondere in der Kommunalpolitik) mit dem öffentlichen Raum geschärft werden.

Der öffentliche Raum kann auch die Gesellschaft prägen. Ist erst einmal eine Fassade mit Graffiti verschmiert, kommen schnell neue 'Kunstwerke' hinzu. Ist erst einmal der öffentliche Raum in einem desolaten Zustand, wird auch niemand mehr mit den restlichen funktionierenden Bestandteilen pfleglich umgehen. Soziale Brennpunkte entstehen mitunter in grauen anonymen Vorstädten, in denen das städtebauliche Erscheinungsbild den untersten Punkt erreicht hat.

In entgegen gesetzter Richtung verlaufen Projekte, die durch eine Aufwertung des städtebaulichen Umfelds eine soziale Stabilisierung verfolgen. Solche Projekte wie die Erneuerung von Amsterdams Stadtteil Bijlmermeer zeigen anhand der Kriminalitätsstatistik, welche Risiken und Chance der Städtebau bietet.

Im Umkehrschluss kann man also folgern: Ist das Erscheinungsbild des öffentlichen Raumes nicht gut, passt sich auch das Verhalten der Bevölkerung an. In diesem Sinne sind Entscheidungsträger und Planer für die Zukunft gefordert.

Katja Striefler

Sicher mit Bus & Bahn.
Konzept und Praxis in der Region Hannover

Passend zum Marketing-Thema begann die Vorlesung mit der Andeutung einer Markterkundung: Die Referentin stellte Fragen, die Zuhörenden antworteten - indem sie sich im Raum bewegten[1]: Welche Fachrichtungen sind vertreten? Wer ist selbst häufig, wer nur gelegentlich Fahrgast? Wer hat sich beim Fahren in Bus oder Bahn schon mal unsicher gefühlt? Was sagen Sie zu dem Statement „mein Verkehrsunternehmen tut viel dafür, dass ich mich sicher fühlen kann"?

Fahrgäste wollen sich sicher fühlen. Wer sich unsicher fühlt, benutzt öffentliche Verkehrmittel ungern - oder gar nicht. Die Region Hannover hat deshalb 1999 ein Konzept „Sicher mit Bus & Bahn"[2] entwickelt und setzt es seitdem mit den Verkehrsunternehmen um[3]. Obgleich die Verkehrsunternehmen in der Region Hannover bereits einiges dafür tun, dass sich Fahrgäste in Bussen und Bahnen sicher fühlen können, bleibt Fahrgastsicherheit ein zentrales Thema – weil diese Qualität für Fahrgäste wesentlich ist! „Schutz vor Belästigung", so ergab der Kundenmonitor Region Hannover 2002, ist für Fahrgäste ein Thema von hoher Bedeutung und geringer Zufriedenheit. Auch die Globalzufriedenheit der Fahrgäste wird durch das Leistungsmerkmal Sicherheit wesentlich beeinflusst.

Analyse: Unsicherheit beginnt mit Grenzverletzungen

„Kann ich mich sicher fühlen?" Diese auf die eigene Person bezogene Frage ist es, die Fahrgäste interessiert. Unsicherheit empfindet eine Person, wenn sie befürchtet, seelisch oder körperlich verletzt zu werden. Eine Schlüsselrolle für

---

[1] Die „Abstimmung mit dem Körper" (Soziometrie) - wurde in der empirischen Sozialforschung entwickelt und wird in der außerschulischen Bildung häufig eingesetzt, da die Verbindung von räumlicher Bewegung und inhaltlicher Annäherung für optimale Aufnahmefähigkeit sorgt.

[2] Vgl. Striefler, Katja: Sicher mobil mit Bus und Bahn. Fahrgastorientiertes Sicherheitskonzept in der Region Hannover, in: Der Nahverkehr 6/2004, 57-60

[3] Die Region Hannover ist Aufgabenträger für den Nahverkehr und bestimmt die Leitlinien und Standards. Die Verkehrsunternehmen – DB-Regio, Üstra AG, RegioBus GmbH und Metronom – sind als Auftragnehmer für die betriebliche Praxis verantwortlich. Mehr zum Nahverkehr in der Region Hannover finden Sie auf der Website www.hannover.de

die Risikowahrnehmung spielen Grenzverletzungen wie Anstarren, Beleidigen oder Nachgehen. Sie beeinträchtigen das Wohlbefinden einer Person, indem sie Regeln des respektvollen Umgangs brechen. Solche Grenzverletzungen sind vor allem für Jugendliche, Frauen und ältere Menschen alltägliche Erfahrungen – natürlich auch außerhalb des öffentlichen Verkehrs. Die dadurch verursachte grundsätzliche Angst spitzt sich in geschlossenen Räumen wie Fahrzeugen oder unterirdischen Stationen zu, weil dort fremde Menschen auf verhältnismäßig engem Raum aufeinander treffen und einander nur bedingt ausweichen können. Deshalb sind die Anforderungen an die persönliche Sicherheit in Stationen und Fahrzeugen des öffentlichen Verkehrs besonders hoch.

„Die Angst ausRäumen"[4] – das wäre ein unerreichbares Ziel, da es nicht die Räume sind, die Angst machen, sondern Menschen. Konflikte und Begegnungen mit „unangenehmen Menschen" wird es immer wieder geben – die Frage ist, wie damit umgegangen wird. Lange Zeit hatten Verkehrsunternehmen Sicherheit möglichst nicht thematisiert oder auf die sehr geringe Zahl von Straftaten im Nahverkehr abgehoben. Inzwischen wissen wir, dass für die Risikowahrnehmung nicht die tatsächliche Häufigkeit des befürchteten Angriffes entscheidend ist, sondern die Einschätzung der zu erwartenden Folgen. Bereits bei kleineren Grenzverletzungen ist weniger die physische Verletzung das Thema, sondern das Gefühl von Ohnmacht und Demütigung. Es geht deshalb nicht darum, ob Fahrgäste davon ausgehen, dass sie mit Bus & Bahn körperlich unversehrt an ihr Ziel gelangen – das dürfte der Normalfall sein. Die Frage ist weiter zu fassen: „Muss ich unangenehme Begegnungen und Grenzverletzungen im öffentlichen Verkehr ertragen – oder verstoßen solche Erlebnisse gegen die Regeln?"

Würde nur auf Notsituationen wie Schlägereien reagiert, würde dies den Eindruck vermitteln, dass die kleineren Grenzverletzungen normal und von den Fahrgästen hinzunehmen sind. Tabuisieren hilft gegen die Unsicherheit nicht, notwendig ist stattdessen problembewusste Kommunikation.

Strategie

„Wir wollen, dass Sie sich in Fahrzeugen und Stationen wohl fühlen" – diese Vision soll Fahrgästen vermittelt werden. Natürlich können Verkehrsunternehmen die Gefühle der Fahrgäste nicht bestimmen - genauso wenig wie sie verhindern können, dass Konflikte und Ängste auch in Stationen und Fahrzeugen Raum einnehmen. Sie können aber angeben, auf was sie hinarbeiten. In Schlüs-

---

[4] Dieses Wortspiel ist der Titel einer sehr lesenswerten Arbeit: Kasper, Birgit: Die Angst ausRäumen. Untersuchung von Angst in den Städten und von kommunalen Strategien zur Auseinandersetzung mit städtischen Angsträumen. Heft A130 der Arbeitsberichte des FB Stadtplanung/ Landschaftsplanung der Universität Gesamthochschule Kassel, Kassel 1998. Vgl. auch Sailer, Kerstin: Raum beißt nicht! Neue Perspektiven zur Sicherheit von Frauen im öffentlichen Raum, Frankfurt/ Main 2004.

selsituationen entscheidet sich dann, ob die Fahrgäste überzeugt werden können. Jedes Mal, wenn die erlebte Realität den verkündeten Leitlinien widerspricht, urteilen Fahrgäste, ob sie eine verzeihbare Ausnahme oder aber einen - die Überzeugungskraft widerlegenden - Normalfall erleben. Es geht nicht darum, Probleme oder Fehlverhalten Einzelner auszuschließen – das wäre ein Ding der Unmöglichkeit. Ziel ist vielmehr, überzeugend zu vermitteln, dass das Schutzbedürfnis von Fahrgästen ernst genommen wird und die Verkehrsunternehmen sich für die Sicherheit der Fahrgäste engagieren.

„Foto: Thomas Langreder"

Leitlinie: Grenzverletzungen ächten

Zu vermitteln ist:

- Grenzverletzungen und unangenehme Begegnungen sind im öffentlichen Verkehr nicht erwünscht.
- Der Maßstab für das Umgehen miteinander heißt: Respekt.

Das bedeutet, dass Personen, die sich „daneben benehmen", zur Rede gestellt werden können. Wer bei Grenzverletzungen für sich oder andere eintritt, wird unterstützt.

Leitlinie: Handeln ermöglichen

Da Grenzverletzungen nicht auszuschließen sind, muss mit Situationen gerechnet werden, in denen Fahrgäste Hilfe wünschen. Wenn jemand Unterstützung sucht und keine findet, entsteht Angst. Wenn Wege aus der vermeintlichen Ohnmacht erkennbar sind, schwindet sie. Zu gewährleisten ist deshalb:

- In Stationen und Fahrzeugen finden Fahrgäste Handlungsmöglichkeiten für heikle Situationen vor - am besten direkten Kontakt zu Menschen, mindestens aber technische Einrichtungen, um Hilfe zu holen.
- Die eingesetzte Sicherheitstechnik ist leicht zugänglich und einfach bedienbar.
- Es wird regelmäßig über Handlungsmöglichkeiten für heikle Situationen informiert und zur Nutzung ermutigt. Die Fahrgäste wissen, dass es Notruf-

Einrichtungen gibt und dass sie diese auch bei niedrigschwelligen Grenzverletzungen wie Belästigung und mutwilliger Zerstörung benutzen dürfen. Personen, die wissen wie sie helfen können, werden eher bereit sein, im Notfall einzuschreiten. Deshalb sind „Handlungsskripte" zu verbreiten - Handlungsanweisungen, die in Notsituationen ohne großes Nachdenken umgesetzt werden können[5].

Grenzverletzungen thematisieren, Handeln ermöglichen – das wirkt auch als Prävention gegen Straftaten, die meist mit kleineren Grenzverletzungen beginnen. Wenn es „glimmt" und noch nicht „brennt", ist Handeln besonders einfach und erfolgreich. Wird frühzeitig eine Grenze gesetzt oder Unterstützung eingeholt, verhindert dies fast immer, dass es zu einer Notsituation kommt.

Leitlinie: Entscheidend ist, was die Fahrgäste erreicht

Maßgeblich für die Auswahl und Gestaltung der Instrumente ist, was bei den Fahrgästen Wirkung zeigt. Das heißt: Es sollen vor allem die Instrumente eingesetzt werden, die besonders gut wirken oder dazu beitragen, dass das Vorhandene besser wahrgenommen wird.

Dabei können drei Handlungsfelder unterschieden werden:

- Ausbildung & Ermutigung (education/ encouragement),
- Technik & Gestaltung (engineering),
- Durchsetzung (enforcement).

Gestalterische und restriktive Maßnahmen gab es schon vorher, sie erhielten im Rahmenkonzept „Sicher mit Bus & Bahn" teilweise eine neue Bedeutung. Das Handlungsfeld Ausbildung & Ermutigung dagegen war Neuland, hierfür standen noch keine Instrumente zur Verfügung. Maßgeblich für die Auswahl der einzusetzenden Maßnahmen, deren konkrete Gestaltung und für den Erfolg des Sicherheitshandelns insgesamt muss das Votum der Fahrgäste sein. Stimmen sie zu, wenn sie gefragt werden: „Haben Sie den Eindruck, dass Sie sich sicher fühlen können?"

---

[5] Ausführlicher zum Thema „Eingreifen fördern" zum Beispiel Schwind, Hans-Dieter u.a.: Alle gaffen, keiner hilft. Unterlassene Hilfeleistungen bei Unfällen und Straftaten, Heidelberg 1998

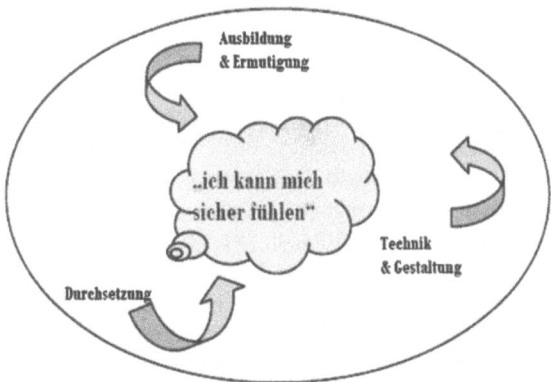

„© Region Hannover"

Praxis

Handlungsfeld Technik & Gestaltung

Im Bereich Technik & Gestaltung wird schon lange daran gearbeitet, kriminalitätsreduzierende Gelegenheitsstrukturen zu schaffen[6], im Nahverkehrsplan Region Hannover 2003 sind sicherheitsbezogene Standards festgelegt[7]: Stationen sollen übersichtlich, einsehbar, ausreichend beleuchtet sowie sauber und intakt sein. Aufenthaltsqualität ist nicht nur an sich erstrebenswert, sie spielt auch für das Sicherheitsempfinden eine wichtige Rolle: Fahrgäste sollen sich nicht nur als willkommene Gäste fühlen, sondern es soll darüber hinaus eine Atmosphäre entstehen, die das Entstehen von Kommunikation begünstigt - weil so Eingreifen bei Grenzverletzungen wahrscheinlicher wird.

Sicherheitstechnik wie Videokameras ist ein klassisches Sicherheitsinstrument. Kameras gab es zunächst nur in Stationen, seit einiger Zeit werden sie auch in Fahrzeugen eingesetzt. Wirksam sind sie als Abschreckung gegen mutwillige Zerstörung – dauerhaft allerdings nur, wenn aufgezeichnete Taten auch ausgewertet und Täter zur Rechenschaft gezogen werden. Das ist nicht nur ein Problem der Strafverfolgung: Bilder aus Stationen werden nur ausnahmsweise

---

[6] Vgl. Kommunalverband Großraum Hannover, Anlage zum Protokoll des Verkehrsausschusses vom 05. 10. 1998, Information an den Verkehrsausschuss: Wie sorgt der Kommunalverband dafür, dass bei der Gestaltung der S-Bahn-Stationen dem Sicherheitsbedürfnis der Nutzerinnen Rechnung getragen wird?

[7] Region Hannover, Nahverkehrsplan 2003, D3.8, 136. Der Nahverkehrsplan kann auch auf der Regions-Homepage eingesehen werden: www.hannover.de.

aufgezeichnet, Bilder aus Fahrzeugen werden ohne Ansicht gelöscht, wenn innerhalb von 24 Stunden kein Hinweis auf einen Vorfall eingegangen ist. Fahrgäste haben keinen Einfluss darauf, ob sie gesehen werden oder nicht – sie wissen nicht einmal ob ein Vorfall, den sie erleben, beobachtet wird oder nicht. Fahrgästen, die Unterstützung suchen, hilft Videoüberwachung nicht. In der Region Hannover wurden deshalb die Stationen, in denen die Anwesenheit von Menschen nicht garantiert werden kann, zumindest mit Notruf-Info-Säulen ausgestattet - alle unterirdischen Stationen, fast alle Stadtbahnhaltestellen und alle S-Bahn-Stationen. Aber auch Notrufeinrichtungen nützen wenig, solange Fahrgäste den Eindruck haben, sie dürften nur in extremen Notsituationen benutzt werden. Deshalb wurde eine Kombination von Notruf- und Info-Säule gewählt, um die Hemmschwelle zum Benutzen zu senken. Darüber hinaus sind die Verkehrsunternehmen angehalten, regelmäßig über die Möglichkeit zur Kontaktaufnahme ermutigend zu informieren.

Handlungsfeld Durchsetzung

„Mehr Personal" gehört zu den meist genannten Wünschen von Fahrgästen in punkto Sicherheit. Dieses Instrument ist wirksam, aber mit hohen Kosten verbunden. Trotzdem ist es kein Allheilmittel – es wird nie jeder Fahrgast begleitet werden können. Deshalb kommt es darauf an, das Personal zu den Zeiten und an den Orten einzusetzen, wo der Wunsch von Fahrgästen nach Schutz besonders ausgeprägt ist. Darüber hinaus ist das Instrument Personal mit anderen in Verbindung zu bringen, um eine höhere Wirkung zu erzielen – kommunikationsfördernde Räume, informierte Fahrgäste und auf heikle Situationen vorbereitetes Fahrpersonal können dazu beitragen, dass das Gefühl des Alleingelassen-Seins seltener auftritt.

„Foto: Thomas Langreder"

Sicher mit Bus & Bahn. Konzept und Praxis in der Region Hannover 91

Mit der S-Bahn abends allein unterwegs – das ist eine Situation, die bei vielen Fahrgästen ein unsicheres Gefühl hervorruft. Begleitpersonal gab es bei der S-Bahn Hannover zunächst nur in einem guten Fünftel der Fahrzeuge[8]. Als Reaktion auf den Wunsch der Fahrgäste nach Begleitung und auf positive Erfahrungen in anderen Ballungsräumen hat die Region Hannover mit der Betreiberin DB-Regio vereinbart, dass seit Februar 2006 jede S-Bahn ab 21 Uhr begleitet wird. Das Plakat, mit dem DB-Regio auf den neuen Service aufmerksam macht, ist für mich ein Beispiel für gelungenes Sicherheits-Marketing: „Nette Begleitung. Auf ganzer Linie. Nach 21 Uhr." Nicht „Sheriffs" - wie sie von der Bildzeitung genannt wurden, sondern ansprechend aussehende Männer und Frauen laden Fahrgäste ein „abends in netter Gesellschaft S-Bahn zu fahren."

„*Foto: Jörg-Axel Fischer"*

Busse werden von Fahrgästen als einer der sichersten Orte im öffentlichen Verkehr wahrgenommen, doch auch hier gibt es Verbesserungsmöglichkeiten: Die RegioBus, die vor allem im Umland der Landeshauptstadt Hannover unterwegs ist, führte 2004 „Vorn-Einstieg" in ihren Bussen ein. Wesentliches Motiv war der Wunsch, Schwarzfahren zu unterbinden und mehr Fahrgeld einzunehmen. Wirkung hatte die Wiedereinführung der „geschlossenen Abfertigung" aber auch auf das Klima im Bus: Durch das Kontaktritual beim Einstieg stellen die Fahrerinnen und Fahrer klar, dass sie für die Einhaltung von Regeln sorgen. Das Verhältnis zu den Fahrgästen, meinen die Fahrenden, hat sich durch den Vorn-Einstieg deutlich verbessert.

Handlungsfeld Ausbildung & Ermutigung

Hier geht es darum, Personal und Fahrgästen zu vermitteln, was sie in verunsichernden Situationen tun können. Auch sollen beide Gruppen dazu ermutigt werden, aktiv für sich und andere einzutreten. Hierfür mussten zunächst Instru-

---

[8] Ausnahme: Der Nachtsternverkehr wurde von Beginn an ständig begleitet.

mente entwickelt werden[9]. Ein Beispiel ist der Film „Tu was. Dann tut sich was!", eine gemeinsame Produktion von Großraum-Verkehr, Polizeidirektion und Region Hannover. Mit Hilfe des Films können Gruppen Hinschauen und Eingreifen trainieren – und damit kritische Situationen anschließend besser erkennen und bewältigen. Dargestellt sind „alltäglich gewalttätige" Situationen, wie sie auch im Park oder auf dem Schulhof geschehen könnten. Der Film zeigt keine Lösungen, sondern regt an, eigene Handlungsskripte zu erfinden und auszuprobieren. Er wird zum Selbstkostenpreis von der Region verkauft – inzwischen fast zweihundert Mal[10].

„Foto: Bildungsinstitut der Polizei Niedersachsen"

Der Schulverkehr erfordert besondere Konzepte. Einem Kind, das nicht aus dem Bus gelassen wird, hilft die Notrufsäule in der U-Bahn-Station nicht. Selbst die Ermutigung, den Fahrer anzusprechen, greift hier oft zu kurz. Da hatten andere bereits eine Lösung entwickelt - das Fahrzeugbegleiter-Konzept[11]: Schülerinnen und Schüler sorgen als „Busbegleiter" ehrenamtlich für ein besseres Klima auf dem Schulweg – gut vorbereitet und in schwierigen Situationen von Verkehrsunternehmen, Schule oder Polizei unterstützt. Die RegioBus Hannover hat dieses Modell 2003 in Springe erprobt und bildet inzwischen in Springe, Uetze und Wunstorf jedes Jahr Busbegleiter aus. Mittlerweile sind 218 Jugendliche ausgebildet, Situationen auf der Fahrt zur Schule einzuschätzen, Konflikte gewaltfrei zu lösen oder gezielt Unterstützung herbeizurufen[12].

---

[9] Vgl. Striefler, Katja: Sicher mobil mit Bus und Bahn. Fahrgastorientiertes Sicherheitskonzept in der Region Hannover, in: Der Nahverkehr 6/2004, 58f.

[10] Bestelladresse: oepnv@region-hannover.de

[11] Vgl. www.bogestra.de, Suchbegriff Fahrzeugbegleiter

[12] Vgl. www.regiobus.de, Suchbegriff „Busbegleiter"

Fahrgäste sollen erfahren, dass ihr Sicherheitsbedürfnis ernst genommen wird und dass die Verkehrsunternehmen für kritische Situationen vorsorgen. Ein Medium dafür ist der Flyer „Sicher mit Bus & Bahn", den die Region in Abstimmung mit den Verkehrsunternehmen und der Polizei entwickelt hat[13]. Vermittelt wird einerseits die Vision – „wir wollen, dass Sie sich in Stationen und Fahrzeugen wohl fühlen", andererseits Gebrauchsanweisungen für den Fall, dass doch einmal heikle Situationen eintreten. Abgebildet ist beispielsweise die Notruf-Info-Säule, daneben wird visualisiert, dass die Technik Verbindung zu einem Menschen herstellt. Es wird herausgestellt, dass die Notrufsäule zum Benutzen da ist – auch wenn jemand „nur" belästigt wird.

Die gleichen Inhalte bietet die üstra interessierten Fahrgast-Gruppen auch in Form von Veranstaltungen an. Dabei wird das Wissen um Handlungsmöglichkeiten durch Ausprobieren noch intensiviert – die Sprechstelle wird benutzt, anschließend die Leitstelle besucht.

Die Resonanz auf das Konzept spricht dafür, dass es greift. Die Presse registriert positiv, dass Unsicherheit thematisiert und Initiativen für respektvollen Umgang ergriffen werden. Fahrgäste reagieren im direkten Gespräch fast immer zustimmend, mitunter sogar erleichtert. Viele haben es satt, dass Wenige das Klima für Alle vergiften; viele sind froh, dass ihnen „erlaubt" wird, Grenzverletzungen nicht hinzunehmen. Es ist gelungen, die vorhandenen Instrumente in einen neuen Zusammenhang zu stellen und für das Handlungsfeld „Ausbildung & Ermutigung" wirksame Instrumente zu entwickeln. In diesem Handlungsfeld liegt noch ein großes Potenzial - hier müssen Instrumente künftig kontinuierlicher und öffentlichkeitswirksamer eingesetzt werden.

---

[13] Als pdf einzusehen unter www.hannover.de, Suchbegriff „Sicher mit Bus & Bahn"; als gedruckte Version bei den Verkehrsunternehmen erhältlich.

Dietrich Kraetzschmer

Die Strategische Umweltprüfung in der Regionalplanung – Ziele, Ansätze und erste Erfahrungen

1 Überblick

Ziel der Richtlinie 2001/42/EG (SUP-RL) über die Prüfung der Umweltauswirkungen bestimmter Pläne und Programme[1] ist es sicherzustellen, dass europaweit einheitlich Umwelterwägungen bei der Ausarbeitung und Annahme von Plänen und Programmen einbezogen werden. Bestimmte Pläne und Programme, die voraussichtlich erhebliche Umweltauswirkungen haben, werden entsprechend dieser Richtlinie einer Umweltprüfung unterzogen[2]. Dies soll nicht zuletzt dazu beitragen, im Hinblick auf die Förderung einer nachhaltigen Entwicklung ein hohes Umweltschutzniveau sicherzustellen. Durch die Richtlinie wurde das zuvor erst auf der Ebene der Projektplanung mit der Projekt-UVP einsetzende System der Umweltprüfungen für die vorgelagerten Planungsstufen ergänzt. Die SUP RL enthält überwiegend auf das Planungsverfahren bezogene Vorgaben.

Die Vorgaben der SUP-RL enthalten für die Raumordnungsplanung keine grundsätzlich neuen materiellen Anforderungen, denn im Rahmen der planerischen Abwägung ist eine umfassende Berücksichtigung der Umweltbelange bereits nach geltendem Recht erforderlich. Folgende Aspekte stellen neue Verfahrenselemente dar:

- die ausdrückliche Verpflichtung zur vergleichenden Prüfung von Alternativen gemäß Art. 5 (1) i.V.m. Anh. I lit. h SUP-RL sowie Art. 9 (1) lit. b SUP-RL (neu hinsichtlich inhaltlicher Fragen);

- die Verpflichtung zur Erstellung eines Umweltberichtes gemäß Art. 5 i.V.m. Anh. I SUP-RL sowie einer zusammenfassenden Erklärung gemäß Art. 9 (1) lit. b SUP-RL (neu hinsichtlich der Dokumentation);

- die Anforderungen an eine Beteiligung der Öffentlichkeit gemäß Art. 6, ggf. auch an grenzüberschreitende Konsultationen gemäß Art. 7 SUP-RL (neu hinsichtlich des Planungsverfahrens für die Mehrzahl der Bundesländer);

---

[1] RICHTLINIE 2001/42/EG DES EUROPÄISCHEN PARLAMENTS UND DES RATES vom 27. Juni 2001, Amtsblatt der Europäischen Gemeinschaften 21.7.2001

[2] zu den Begründungen: vgl. Erwägungsgründe der RL 2001/42/EG

- die Verpflichtung zur Überwachung der erheblichen Auswirkungen auf die Umwelt im Rahmen der Durchführung von Plänen und Programmen gemäß Art. 10 SUP-RL (neu hinsichtlich nachfolgender Planungen und Projekte).

2 Rechtliche und fachliche Grundlagen

Auf **nationaler Ebene** ist die Rechtsumsetzung mit dem Gesetz zur Einführung einer Strategischen Umweltprüfung und zur Umsetzung der Richtlinie 2001/42/EG (SUPG) erfolgt, das in der Form eines Artikelgesetzes in das UVP – Gesetz integriert wurde[3].

Für die Raumordnungspläne sowie die baurechtlichen Pläne ist die Umsetzung in Form einer direkten Integration in das BauGB[4] bzw. das Raumordnungsgesetz (ROG)[5] erfolgt. Ursächlich war u. a. dass aufgrund der differenzierten Aufstellungsverfahren der Raumordnungs- bzw. Bauleitpläne mit der jedenfalls in der Bauleitplanung langjährig – und in der Raumordnungsplanung aufgrund der in jüngerer Zeit zunehmend geforderten Bindungswirkung auch für Private[6] – erfolgenden Beteiligung der Öffentlichkeit in diesen Fällen von einer problemlosen Integration der Verfahrensanforderungen aus der Strategischen Umweltprüfung innerhalb der bestehenden Verfahren ausgegangen werden konnte.

Die Rechtsumsetzung ist für die Raumordnungspläne mit § 7 des ROG erfolgt. Die Rechtsumsetzung hat sich i. w. auf eine 1 : 1 Umsetzung der EG – Richtlinie beschränkt. Es wurden keine weitergehende Vorgaben aufgenommen. Aufgrund des rahmenrechtlichen Charakters des ROG sind zwar weitergehende Vorgaben durch die jeweiligen Landesplanungsgesetze nicht ausgeschlossen. Generell bleiben die in der EU – Richtlinie bestehenden Spielräume für die Planungspraxis aber erhalten. Das ist aufgrund der Erfahrungen aus der Planungspraxis auch angemessen. Im Gegensatz zur Projekt - UVP zeigt sich bei Plänen und Programmen eine wesentlich stärker ausgeprägte „Individualität" der Einzelplanungen. Wenig festgelegte rechtliche Rahmenbedingungen tragen dazu bei, im Einzelfall angemessene Verfahrensabläufe verfolgen zu können und die Integration der Umweltprüfung ohne übermäßigen zusätzlichen Aufwand zu bewerkstelligen.

---

[3] Teil III; Art. 14a bis 14p

[4] BGBl. I S 2414 vom 23. 9. 2004, mittlerweile bereits geändert durch Gesetzes zur Erleichterung von Planungsvorhaben für die Innenentwicklung der Städte

[5] v. 18. 8. 1997, zu. Geänd. d. Art. 2 Europarechtsanpassungsgesetz Bau (EAG Bau) v. 24.6. 2004 (BGBl I S. 1359)

[6] beispielsweise bei der Festlegung von Eignungsgebieten mit Ausschlusswirkung für Windenergiegewinnung

Die Strategische Umweltprüfung in der Regionalplanung 97

Auf Europäischer Ebene wurden und werden die Gesetzgebungsaktivitäten im Zusammenhang mit der SUP-RL durch unterschiedliche Arbeiten vorbereitet und unterlegt, mit dem Ziel, die Anwendung der RL in den Mitgliedsstaaten zu erleichtern. Hervorzuheben sind

- SUP – Leitfaden[7]
- Leitfaden zur Prüfung von indirekten und kumulativen Wirkungen sowie Wechselwirkungen[8]
- Handbuch zur Umweltprüfung für Programme und Pläne, die durch Mittel des Strukturfonds gefördert werden[9].

Hierzulande sind gleichfalls seit Mitte der 1990er Jahre verstärkte Aktivitäten und Vorüberlegungen zur Methodenentwicklung sowie Pilotanwendungen zu einer Strategischen Umweltprüfung erfolgt. Frühe Vorüberlegungen und Arbeiten mit forschungsorientiertem Hintergrund mit Bezug zur Raumordnung sind beispielsweise dokumentiert in MURL / UVP-Förderverein (1997)[10], UVP-Gesellschaft e.V. (1999)[11]. Als Arbeiten neueren Datums mit besonderem Bezug zur Raumordnung bzw. Regionalplanung oder indirekter Bedeutung für die relevanten Fragen sind hervorzuheben:

- Eberle, D.; Jacoby, Ch. (Hg; 2003): Umweltprüfung für Regionalpläne
- Schmidt, C. et al 2004 zur beispielhaften Konkretisierung der Umweltprüfung für einen Regionalplan
- Erste Hinweise der MKRO (2004) zur Umsetzung der RL 2001/42/EG bei der Umweltprüfung von Raumordnungsplänen

In jüngerer Zeit liegen in zunehmendem Maße Erfahrungen aus der praktischen Anwendung der RL 2001/42/EG bei der Aufstellung von Raumordnungsplänen vor. Zu nennen sind u. a. Erfahrungen aus den Regionen Westpfalz / Rheinland – Pfalz und Mittelfranken / Bayern (Umweltprüfung auf freiwilliger Basis), Großraum Braunschweig (Niedersachsen), aus Hessen (Nord- und Mittelhessen), Nordrhein – Westfalen (RP Detmold) Sachsen und Thüringen.

---

[7] AMT FÜR AMTLICHE VERÖFFENTLICHUNGEN DER EG (2003): Umsetzung der Richtlinie 2001/42/EG des Europäischen Parlaments und des Rates über die Prüfung der Umweltauswirkungen bestimmter Pläne und Programme

[8] EUROPEAN COMMUNITIES, DG XI (1999)

[9] EC / Environmental Resources Management (o. J.)

[10] Die UVP für Pläne und Programme – eine Chance zur Weiterentwicklung von Planungsinstrumenten?

[11] Strategische Umweltprüfung - Planspiel zum Anwendungsbereich in der Gebietsentwicklungsplanung NRW

3 Integration der Verfahrenselemente der SUP in die Regionalplanung

Die Verfahrenselemente der SUP werden in das Aufstellungsverfahren des Raumordnungsprogramms integriert. Aufgrund der schwachen bundes- bzw. landesrechtlichen Fixierung der Verfahrensausgestaltung haben die Träger der Regionalplanung hierbei einen vergleichsweise großen Spielraum. Es bestehen erhebliche landesrechtliche Unterschiede bei der Verfahrensausgestaltung. Daher ist es nicht möglich, ein generell gültiges Schema für den Verfahrensablauf in der Regionalplanung darzustellen. Jedoch hat die inhaltliche Breite und Tiefe einer Fortschreibung oder Neuaufstellung maßgeblichen Einfluss auf die Verfahrensausgestaltung. Die zunehmende Komplexität von räumlichen oder sachlichen Teilfortschreibungen hin zu Gesamtfortschreibungen bzw. Neuaufstellungen wird ihren Ausdruck auch in der Verfahrensausgestaltung finden. Dies kann von einfachen Verfahren bis hin zu rückgekoppelten Verfahrensabläufen mit vorgezogener Bearbeitung von Teilaspekten und mehrfachem Durchlauf von Planungs- und Beteiligungsphasen, entsprechend der sukzessiven Konkretisierung von Planinhalten, reichen. Für die vorzusehenden Verfahrensschritte können vor diesem Hintergrunds folgende Empfehlungen gegeben werden:

Screening

Gemäß §7 (5) ROG ist bei Aufstellung oder Änderung von Raumordnungsplänen eine Umweltprüfung durchzuführen. Zwar eröffnet die rahmenrechtliche Regelung die Möglichkeit, bei der landesrechtlichen Umsetzung für geringfügigen Änderungen nach Durchführung eines Screenings unter Beteiligung der öffentlichen Stellen, deren Aufgabenbereich von möglichen Umweltwirkungen betroffen sein könnte, von der Durchführung einer Umweltprüfung abzusehen. Bisherige Erfahrungen in der Regionalplanung, aber auch der Bauleitplanung zeigen, dass der damit verbundene Aufwand nicht wesentlich geringer ist, als bei Durchführung einer regulären Umweltprüfung. Die Vielzahl der unbestimmten Rechtsbegriffe und die große Anzahl betroffener Fachbehörden verursacht ein komplexes und zeitaufwändiges Verfahren zur Ermittlung des Ausmaßes der Umweltwirkungen. Da umweltrelevante Wirkungen einer Fortschreibung in jedem Fall bei der Abwägung zu berücksichtigen sind, würde durch eine Einzelfallprüfung lediglich ein zusätzlicher Verfahrensschritt eingeführt. U. a. durch dann erforderliche mehrfache Beteiligung der Umweltfachbehörden, kann dies möglicherweise zu Mehraufwand anstatt zu einer Vereinfachung führen.

Scoping

Bei der Festlegung des Umfangs und Detaillierungsgrades des Umweltberichts sind gem. § 7(5) ROG *„die öffentlichen Stellen, deren Aufgabenbereich von den Umweltauswirkungen berührt werden kann"* zu beteiligen. Als Grundlage hierfür sind zumindest klar strukturierte Planungsabsichten, wie die auszuweisenden Plankategorien vorauszusetzen. Die Abstimmung kann sowohl schriftlich als

Die Strategische Umweltprüfung in der Regionalplanung

auch im Rahmen eines Behördentermins erfolgen[12]. Welche Behörden zu beteiligen sind, ergibt sich aus den landesrechtlichen Regelungen. Für die Umweltbehörden besteht eine Mitwirkungspflicht im Rahmen ihrer gesetzlichen Aufgabenwahrnehmung. Das Scoping ergänzt die im Rahmen der RROP Aufstellung ohnehin erfolgenden Beteiligung zu den relevanten Planungsabsichten. Es soll der Entwicklung einer gemeinsamen Problemsicht *der einbezogenen Behörden* auf die umweltbezogenen Auswirkungen des Plans, sowie einer Abstimmung darauf bezogener Lösungsansätze dienen.

Insbesondere die folgenden *inhaltlichen Fragestellungen* sollen bei der Festlegung des Umfangs und Detaillierungsgrades des Umweltberichts gem. § 7(5) ROG von der planaufstellenden Behörde geklärt werden:

Welche Planbestandteile sollen in welcher Form Gegenstand der Umweltprüfung sein (Ziele / Grundsätze, durch die Projekte vorbereitet bzw. Umweltziele festgelegt werden, Einbeziehung summarischer und kumulativer Umweltauswirkungen usw.)?

In welcher Form sollen Alternativen geprüft werden?

Welche vorliegenden Informationen können und sollen im Rahmen der Umweltprüfung verwendet werden und welche ebenenspezifisch verwendbaren Informationen können mit zumutbarem Aufwand beschafft werden?

Welche umweltbezogenen Planungs- und Prüfkriterien sollen bei der Erarbeitung und Prüfung von Alternativen verwendet werden?

Welche für den Plan relevanten Umweltziele können von den Umweltbehörden eingebracht werden, welche Umweltinformationen bereitgestellt werden und welche weiteren Beteiligungsschritte und sonstigen Zuarbeiten für den Umweltbericht können erfolgen?

Welche Abschichtungsmöglichkeiten im Hinblick auf zusätzliche / andere erhebliche Umweltauswirkungen bestehen für welche Planbestandteile?

Welche Untersuchungs- bzw. Bewertungsmethoden sollen verwendet werden?

Wie sollen die Umweltuntersuchungen und die Einbeziehung ihrer Ergebnisse in den Planungs- bzw. Verfahrensablauf integriert werden?

Ist ggf. eine gemeinsame Durchführung von Verfahren (z. B. Integration einer FFH – VP, §7 Abs. 5 ROG) erforderlich und wenn ja, wie soll dies erfolgen?

---

[12] MKRO (5/2004): Umweltprüfung von Raumordnungsplänen (Plan-UP) - Erste Hinweise zur Umsetzung der RL 2001/42/EG, S.5.

Generell zeigt sich in der Planungspraxis der eindeutige Trend zu einer planungsbegleitenden sukzessiven Konkretisierung des Untersuchungsrahmens[13]. Dies entspricht der ausgeprägten iterativen Vorgehensweise der Regionalplanung mit ihren gestuften Planungs- und Entscheidungsprozessen sowie der inhaltlichen Breite der Planinhalte. Teils geht dies auch über das zweistufige Vorgehen hinaus, das bspw. von SCHMIDT ET AL.[14] empfohlen wird. Somit kann das Scoping als nach Bedarf eingesetzter Teil der Projektsteuerung angesehen werden. Die Erfahrung zeigt: Je komplexer ein Planungsprozess ist, desto weniger lässt sich der Untersuchungsrahmen bereits zu Beginn der Planung abschließend bestimmen und umso mehr ist eine stufenweise Konkretisierung des Untersuchungsrahmens notwendig.

Umweltbericht

Der Umweltbericht bildet das Kernelement der Umweltprüfung. Im Umweltbericht wird dokumentiert, wie die voraussichtlichen erheblichen Auswirkungen der Planung auf die Umwelt sowie anderweitige Planungsmöglichkeiten unter Berücksichtigung der wesentlichen Zwecke des Raumordnungsplans ermittelt, beschrieben und bewertet wurden. Gegenstand der Prüfung sind die normativen regionalplanerischen Festlegungen[15], (vgl. Abb. 1).

Im Zuge einer *Neuaufstellung* von Raumordnungsplänen sind demzufolge alle Festlegungen einer Umweltprüfung zu unterziehen, soweit sie voraussichtlich erhebliche Umweltauswirkungen haben können. Bei einer *Fortschreibung* bzw. Änderung von Raumordnungsplänen sind nur die von der Fortschreibung bzw. Änderung betroffenen Festlegungen Gegenstand der SUP.

Zu prüfen ist nach Artikel 3 Absatz 2 der SUP-RL der Planentwurf insgesamt. Es sind (nur) Informationen vorzulegen, die sich auf *erhebliche* Umweltauswirkungen beziehen, die durch die Umsetzung des Programms entstehen können. Eine Überprüfung sollte sich „*vorrangig auf den Teil konzentrieren, der voraussichtlich erhebliche Umweltauswirkungen hat (z. B. Rahmensetzung für Durch-

---

[13] MKRO (5/2004): Umweltprüfung von Raumordnungsplänen (Plan-UP) - Erste Hinweise zur Umsetzung der RL 2001/42/EG, sowie bei den analysierten Aufstellungsverfahren zum RROP Region Westpfalz, den Teilfortschreibungen des RROP Mittelfranken, aber auch, trotz sehr umfangreicher Vorarbeiten, im Fall Mittelhessen

[14] Schmidt, C. et al 2004, FH Erfurt 2004: Die Strategische Umweltprüfung in der Regionalplanung am Beispiel Nordthüringens (S. 28)

[15] MKRO - (5/2004): Umweltprüfung von Raumordnungsplänen - Erste Hinweise zur Umsetzung der RL 2001/42/EG, S. 6

Die Strategische Umweltprüfung in der Regionalplanung   101

führung von Projekten). *Dennoch sollten alle Teile überprüft werden, da diese zusammengenommen erhebliche Auswirkungen haben könnten"*[16]

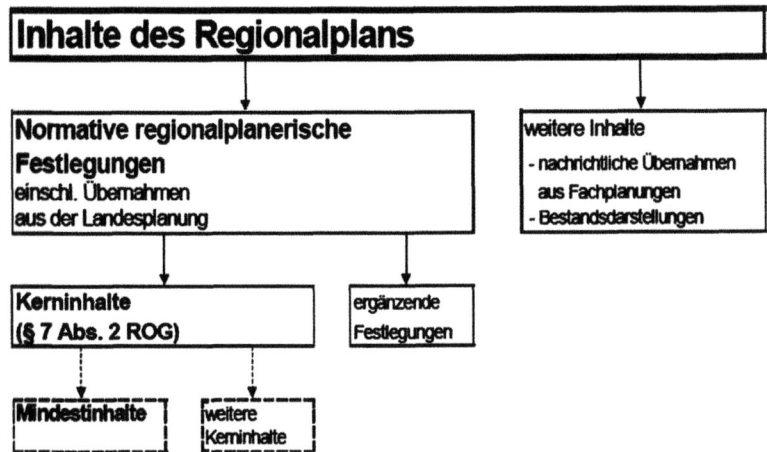

aus: ARGE FORSCHUNGSGRUPPE PROF. KISTENMACHER, PLANUNGSGRUPPE ÖKOLOGIE + UMWELT, PROF. DR. W. ERBGUTH (2000), S. 46

Abbildung 1: Strukturierung von Planinhalten des Regionalplans

Sowohl Ziele als auch Grundsätze der Raumordnung können prüfpflichtige Festlegungen sein, soweit sie voraussichtlich erhebliche Umweltauswirkungen haben können oder eine Prüfung nach der FFH-Richtlinie erforderlich sein könnte. Die wesentlichen Inhalte des Umweltberichtes ergeben sich aus Anhang 1 der SUP – RL. Allerdings müssen die dort benannten inhaltlichen Aspekte und ihre Reihung nicht zwangsläufig die Grobgliederung des Umweltberichtes im Sinne eigenständiger Gliederungspunkte vorstrukturieren[17]. Für die Regionalplanung ist eine Gliederung entsprechend der Beschreibenden Darstellung bei Berücksichtigung der gemäß des Scoping vertiefend zu untersuchenden Planinhalte geeignet. Dies ermöglicht eine gute Zuordnung zur beschreibenden Darstellung des Regionalplans.

---

[16] Amt für amtliche Veröffentlichungen der Europäischen Gemeinschaften (Hrsg.) *2003:* Umsetzung der Richtlinie 2001/42/EG des Europäischen Parlaments und des Rates über die Prüfung der Umweltauswirkungen bestimmter Pläne und Programme, Luxemburg (S. 29), ähnlich auch die Ersten Hinweise der MKRO zur Umsetzung der RL 2001/42/EG vom Mai 2004,

[17] dies wird lediglich als eine möglicherweise zweckmäßige Möglichkeit beschrieben (AMT FÜR AMTLICHE VERÖFFENTLICHUNGEN DER EG (2003), S. 27

Die Zusammenstellung der **relevanten Umweltschutzziele** (Anhang I Buchstabe e der SUP-RL) und der sich daraus ergebenden Restriktionen und Konflikte bildet schon heute einen wesentlichen Bestandteil der inhaltlichen Vorbereitung der Fortschreibung von Raumordnungsplänen. Der Regionalplan erfüllt dabei eine Doppelrolle, indem teilweise im Plan selber diejenigen regionalen Umweltziele auf der Basis fachplanerischer Beiträge festsetzt werden, die bei der Umweltprüfung der SUP-pflichtigen Planbestandteile wiederum einfließen müssen[18]. Aufgrund der vornehmlich auf die Anordnung des räumlichen Nutzungsmusters gerichteten Regionalplanung – die i. W. noch keine weitergehenden Festlegungen über die konkrete Ausformung der jeweiligen Nutzungen an ihrem Standort umfasst, spielen raum- bzw. flächenbezogene (mediale) Umweltziele eine zentrale Rolle, während stoffbezogene Ziele eine nachgeordnete Bedeutung haben. Es existieren verschiedene Zusammenstellungen von Umweltzielen, die für eine Berücksichtigung in Frage kommen. Ausgewählte Beispiele für raumordnungsrelevante Umweltziele aus Gesetzen, Landesentwicklungsplänen und weiteren Dokumenten sind beispielsweise bei SCHMIDT, C. ET AL[19] dokumentiert.

Hinsichtlich der **Datenbasis** sowie zu den Grundsätzen der **Abschichtung** enthält Art. 5 der SUP RL die maßgeblichen Vorgaben. Nach Abs. 2 sind u. a. der gegenwärtige Wissensstand und aktuelle Prüfmethoden, Inhalt und Detaillierungsgrad des Plans oder Programms und dessen Stellung im Entscheidungsprozess, sowie das Ausmaß, in dem bestimmte Aspekte zur Vermeidung von Mehrfachprüfungen auf den unterschiedlichen Ebenen dieses Prozesses am besten geprüft werden können zu berücksichtigen.

Zusammengefasst bedeutet dies für die Regionalplanung, dass die ebenenspezifisch *relevanten Informationen soweit vorliegend* („gegenwärtiger Wissensstand") berücksichtigt werden sollen, während andererseits *vorliegende Informationen nur, wenn sie ebenenspezifisch relevant* sind, Berücksichtigung finden müssen. *Abschichtung* kann als Beschränkung des Untersuchungsumfanges im Sinne einer Effizienzkriterien folgenden Arbeitsteilung zwischen den Ebenen eines mehrstufigen Planungssystems verstanden werden. Im Grundsatz muss nur das untersucht und geprüft werden, was für die jeweilige Planungsebe-

---

[18] Eberle, D.; Jacoby, Ch.; Kraetzschmer, D.; Näckel, A. (2004): Umsetzung der Plan-/ Programm-UVP-Richtlinie der EG, TV 2: Umweltprüfung ausgewählter Regionalpläne (Praxistest). S. 78

[19] Schmidt, C. et al 2004, FH Erfurt 2004: Die Strategische Umweltprüfung in der Regionalplanung am Beispiel Nordthüringens, Exkurs 3

ne entscheidungserheblich ist[20]. Dies führt zu einer generellen Abschichtung im Sinne der Ausdifferenzierung der Ebenen eines mehrstufigen Planungssystems, wobei jeweils die auf anderen Ebenen behandelten Inhalte berücksichtigt werden.

Iin der Regionalplanung werden diejenigen Planinhalte detaillierter bearbeitet, für die stärkere Bindungswirkungen für die nachfolgenden Planungsebenen bezweckt werden (Beispiel: Festlegung von Standorten für Windenergieanlagen). Zielfestlegungen müssen ggf. detaillierter geprüft werden als Grundsätze, soweit aufgrund stärkerer Bindungswirkung höhere Anforderungen an die Abwägung zu stellen sind. Ergibt sich eine Differenzierung zwischen Zielen und Grundsätzen vernehmlich aus dem Gewicht der jeweils eingestellten fachlichen Belange ohne dass erhöhte Anforderungen an die Abwägung bei Festlegung von Zielen bestehen, so wirkt sich dies vornehmlich im Zuge der Alternativenprüfung aus.

Nachrichtliche Übernahmen bzw. Inhalte, die in vorlaufenden Verfahren abschließend festgelegt wurden, sind dem gemäß kein Prüfgegenstand[21]. Über die konkrete Ausformung der Abschichtung kann nur im jeweiligen Einzelfall entschieden werden. Eine entscheidende Bedeutung für die Abschichtung von Bearbeitungsinhalten ist dem Scoping zuzumessen[22].

Die ebenenspezifisch relevanten raumbezogenen Informationen lassen sich an Hand des Darstellungsmaßstabes im Zusammenhang mit dem flächenmäßigen Umgriff der enthaltenen Einzelaussagen bestimmen. Der mindestens für eine Darstellung im Maßstab 1:50.000 erforderliche flächenmäßige Umgriff von Einzelaussagen liegt zwischen 2 und >5 ha und kann planzeichenabhängig auch innerhalb eines Planes unterschiedlich ausfallen. Die Darstellbarkeitsgrenze liegt etwa im Bereich von 1 ha. Damit sind Informationen der Maßstabsebene 1:25.000 noch in großem Umfang geeignet (z. B. das digitale Landschaftsmodell des Amtlichen Topographischen Informationssystems). Informationen im Maßstab 1:10.000 (F-Plan Ebene) sind i. d. R. zu detailliert für eine Berücksichtigung.

---

[20] LELL, O.; SANGESTEDT, CH. 2001: Bezüge zwischen der Plan – UVP und der Projekt UVP. In: UVP-Report 3/2001, S 123 – 126. Gem. Art. 5 der SUP RL Abs. (3) können alle verfügbaren relevanten Informationen über die Umweltauswirkungen der Pläne und Programme herangezogen werden, die auf anderen Ebenen des Entscheidungsprozesses oder aufgrund anderer Rechtsvorschriften der Gemeinschaft gesammelt wurden.

[21] MKRO - (5/2004): Umweltprüfung von Raumordnungsplänen - Erste Hinweise zur Umsetzung der RL 2001/42/EG, S. 6

[22] Eberle, D.; Jacoby, Ch.; Kraetzschmer, D.; Näckel, A. (2004): Umsetzung der Plan-/Programm-UVP-Richtlinie der EG, TV 2: Umweltprüfung ausgewählter Regionalpläne (Praxistest).

Im Hinblick auf die Datengrundlage für die Umweltprüfung besteht mit dem *Landschaftsrahmenplan* (LRP) ein eingeführtes Instrument, das auf der Maßstabsebene des RROP und für dessen räumlichen Geltungsbereich die umweltbezogenen Informationen querschnittsorientiert zusammenträgt (Abb. 2).

Kurzdarstellung der umweltrelevanten Ziele (z. B. Vorrang- und Vorsorgegebiete sowie raumbedeutsame Vorhaben) des Regionalplans
Landschaftsanalyse zu den Schutzgütern Boden, Wasser, Klima/Luft, Fauna/Flora, Landschaftsbild und kulturlandschaftliche Besonderheiten. Prognose der voraussichtlichen Entwicklung des Umweltzustandes ohne Realisierung des Plans
Raumempfindlichkeitsbewertung auf der Grundlage der Landschaftsanalyse und als Voraussetzung für räumliche Entwicklungs-/Vorhabensalternativen
Analyse der Vorbelastungen, soweit sie für die Regionalplanung von Belang sind unter besonderer Berücksichtigung von Gebieten mit spezieller Umweltrelevanz (z. B. FFH- und Vogelschutzgebiete)
Räumliche Zieltypen / -zonen (z. B. Erhaltung, Entwicklung, Sanierung) sowie Ziele und Anforderungen an Nutzungen inclusive spezieller naturschutzfachlicher Ziele und Maßnahmen
(als ergänzender Baustein) Umweltverträglichkeitsprüfung des bestehenden und geplanten Nutzungsmusters unter besonderer Berücksichtigung der Vorrang- und Vorsorgegebiete und raumbedeutsamer Vorhaben
Entwicklung von Kompensationsleitlinien und einer räumlichen Kompensationskonzeption
(als ergänzender Baustein) Entwicklung und Vergleich von Standortalternativen inclusive der Begründung für oder gegen eine gewählte Standortalternative
Fortschreibung des Landschaftsinformationssystems (z. B. Flächenbilanz) im Sinne von § 12 BNatSchG (Umweltbeobachtung)

Abbildung 2: Mögliche Beiträge des Landschaftsrahmenplans zu den Informationen gem. Art. 5 Abs. 1 und Anhang 1 SUP RL

Als zu prüfende **Planungsalternativen** (Anhang I h der SUP-RL) kommen der Verzicht auf Festlegungen oder deren räumliche Modifikation in Betracht[23]. Die Planinhalte werden i. d. R. während des Planaufstellungsverfahrens *prozessual geprüft und optimiert* (raumordnerische Alternativenprüfung). Zusätzlich kann es auch auf der Ebene der konzeptionellen Vorarbeiten teilweise alternative Ansätze geben, die im Hinblick auf ihre Umweltauswirkungen als Alternativen zu betrachten sind.

Die raumordnerische Alternativenentwicklung basiert, insbesondere soweit sie sich auf die Vorbereitung standortbezogener Festlegungen bezieht, zu einem wesentlichen Teil auf Umweltkriterien. Bedingt durch die planungsbegleitende Erstellung und die Tatsache, dass die enthaltenen Inhalte zu großen Teilen bereit bisher Gegenstand des regionalplanerischen Abwägungskanons waren (und die Umweltprüfung in erster Linie einer systematisch(er)en Dokumentation dient) kann die von der SUP-RL geforderte planungsbegleitende Berücksichtigung im

---

[23] MKRO - (5/2004): Umweltprüfung von Raumordnungsplänen - Erste Hinweise zur Umsetzung der RL 2001/42/EG, S. 7

Die Strategische Umweltprüfung in der Regionalplanung 105

Zuge der Konkretisierung von Alternativen in der Regionalplanung ohne weiteres gewährleistet werden. Hier führt die Umweltprüfung lediglich zu erhöhten Dokumentationsanforderungen gegenüber der bisherigen Situation., denn die erwogenen und ausgeschiedenen Alternativen müssen in geeigneter Weise dokumentiert werden.

Prüfablauf:

1. In einem ersten Bearbeitungsschwerpunkt erfolgt die Zusammenstellung der relevanten Umweltziel sowie eine flächendeckende Beschreibung und Bewertung des Umweltzustands für das Plangebiet. Dies bildet die Grundlage für die Prüfung des Gesamtplans. Vorhandene Nutzungen sind ggf. als Vorbelastungen einzubeziehen. Im Optimalfall sind diese Inhalte inhaltlich weitgehend und zeitlich aktuell durch einen Landschaftsrahmenplan erarbeitet worden. Darauf aufbauend muss eine Status – Quo Prognose der Entwicklung des Umweltzustands im Untersuchungsraum im vorgesehenen Geltungszeitraum des Plans erfolgen, also der Entwicklung des Gebietes bei entfallender Steuerungswirkung des Plans. In welcher Weise eine Einbeziehung der unabhängig vom Plan erfolgenden Nutzungsentwicklungen erfolgen soll, ist im Einzelfall zu prüfen.

2. In einem weiteren Schritt werden für die Einzelinhalte mögliche erhebliche Umweltauswirkungen ermittelt (Auswirkungsprognose). Realistische Alternativen sind dabei einzubeziehen. Teils können (insbes. räumliche) Alternativen im Zuge der Umweltprüfung entwickelt werden. Die Prüftiefe orientiert sich an der angestrebten Bindungswirkung sowie dem Grad der räumlichen Konkretisierung. Im Regionalplan sind, mit zunehmender Detaillierung, zu unterscheiden:

- Gemeindebezogene / übergemeindliche Funktionszuweisungen: Diese Darstellungen (z. B. Mittelzentrum) beinhalten keine direkte Rahmensetzung im Sinne der SUP-RL. Eine raumbezogene Berücksichtigung ist nicht möglich. Eine Einbeziehung kann im Rahmen summarischer Prüfungen erfolgen.

- Funktionszuweisung in Bezug auf Ortsteile: Rahmensetzende, jedoch abstrakte, nicht flächenkonkrete regionalplanerische Festlegungen für Ortsteile wie z. B. Grundzentrum können in ihren räumlichen Bezügen geprüft werden. Eine tiefergehende Umweltprüfung muss auf der Ebene der Bauleitplanung erfolgen.

- Gebietsscharfe Festlegung: Entsprechend der vergleichsweise weit gehenden Rahmensetzung werden diese Aussagen in einer flächenbezogenen Detaillierung geprüft.

3. Gegen Ende der Planerarbeitung bilden die Ergebnisse von Schritt 1 zudem die Basis für die summarische Bewertung der Umweltwirkungen des Plans.

Die nach Artikel 10 vorzusehenden Maßnahmen zur **Überwachung** der erheblichen Auswirkungen der Durchführung des Raumordnungsplans auf die Umwelt (Monitoring) sind gem. Anl. 1 (f) der SUP-RL im Umweltbericht darzustellen. Ein Schwerpunkt soll gem. Art. 10 (1) auf den unvorhergesehenen nachteiligen Umweltauswirkungen liegen (...um unter anderem frühzeitig unvorhergesehene negative Auswirkungen zu ermitteln...). Zu berücksichtigen sind im Prinzip jedoch alle Arten von Auswirkungen, also auch die positiven Umweltauswirkungen[24]. Im Hinblick auf möglichen Handlungsbedarf sind vor allem erhebliche Belastungswirkungen von Bedeutung

- die in der Umweltprüfung erkannt und prognostiziert wurden, jedoch in ihrer Intensität von den Prognosen der Umweltprüfung abweichen, oder
- für die eine nicht erwartete belastende Wirkung auftritt.

In der Regionalplanung wird es i. W. darum gehen, die reale planerische Umsetzung der durch den Regionalplan sanktionierten Bodennutzung mit den prognostizierten Bedarfen abzugleichen, sowie aktuell bekannt werdende Umweltinformationen, die zu einer Veränderung in der Umweltbewertung bspw. bei standortbezogenen Bewertungen führen, zur Kenntnis zu nehmen und entsprechende Konsequenzen zu bedenken. Es ist möglich, dass dies im Rahmen der regulären Revision des Plans erfolgt[25]. Überwachungsinstrumente der Raumordnung können genutzt werden (z. B. Raumordnungskataster, Fachinformationssystem Raumordnung)[26]. Ergänzend wird auf Daten und Informationsquellen der Umweltbehörden zurückzugreifen sein.

Die *Einbindung des Umweltberichtes* kann als ein selbständiges Dokument oder unselbständiger Bestandteil der Begründung des Raumordnungsplans erfolgen (ROG, § 7 (5))[27]. Der von der EG-Kommission herausgegebene Leitfaden weist darauf hin, dass *„der Umweltbericht aus einem kohärenten Text bestehen sollte"* und dass der Umweltbericht, sollte er nicht als separates Doku-

---

[24] AMT FÜR AMTLICHE VERÖFFENTLICHUNGEN DER EG (Hrsg.) (2003): Umsetzung der Richtlinie 2001/42/EG des Europäischen Parlaments und des Rates über die Prüfung der Umweltauswirkungen bestimmter Pläne und Programme, Luxemburg, S. 50

[25] a.a.O.

[26] MKRO - (5/2004): Umweltprüfung von Raumordnungsplänen - Erste Hinweise zur Umsetzung der RL 2001/42/EG, S. 12.

[27] MKRO (5/2004): Umweltprüfung von Raumordnungsplänen - Erste Hinweise zur Umsetzung der RL 2001/42/EG

ment vorgelegt werden, *„klar als separater Teil des Plans oder Programms erkennbar sein"* sollte[28].

Beteiligung

Der Umweltbericht wird zusammen mit dem Entwurf des Raumordnungsplans in das Beteiligungsverfahren eingebracht. §7 Abs. 6 ROG verlangt eine Einbeziehung der *öffentlichen Stellen* und der *Öffentlichkeit* sowie eine *grenzüberschreitende Beteiligung* im Falle möglicherweise erheblicher Auswirkungen auf die Umwelt eines anderen Staates[29]. Eine im Vergleich zu den Anforderungen der SUP-RL weitergehende Einbeziehung der öffentlichen Stellen sowie der Öffentlichkeit ergibt sich aus der in §7 Abs.7 ROG begründeten Stellung der entsprechenden öffentlichen und privaten Belange in der Abwägung und damit verbundene Bindungswirkungen[30]. Tabelle 1 gibt einen Überblick über die Beteiligungspflichten.

Tabelle 1: Beteiligungspflichten bei der Aufstellung von Regionalen Raumordnungsprogrammen gem. § 7 ROG

Verfahrensschritt der Umweltprüfung	Beteiligung im nationalen Rahmen	Grenzüberschreitende Beteiligung (ggf. zusätzlich)
Scoping	Beteiligung der Behörden (§7 (5) ROG)	Empfehlenswert, sofern grenzüberschreitende Wirkungen nicht ausgeschlossen
Umweltbericht und Entwurf für den Plan oder das Programm	Der Öffentlichkeit Informationen zugänglich machen (§7 (6 und 7) ROG) Beteiligung der Behörden (§7 (6 und 7) ROG) Beteiligung der Öffentlichkeit (Landesrecht)	Beteiligung der Behörden in voraussichtlich betroffenen Mitgliedstaaten (§7 (6) ROG) Beteiligung der betroffenen Teile der Öffentlichkeit in voraussichtlich betroffenen Mitgliedstaaten (§7 (6) ROG)
Plan oder Programm annehmen; Umwelterklärung gemäß § 7 (8) ROG, Maßnahmen zur Überwachung	Behörden und der Öffentlichkeit Informationen bekannt geben (§7 (9) und (10) ROG)	Den konsultierten Mitgliedstaaten Informationen bekannt geben (§7 (6) ROG)

basierend auf: AMT FÜR AMTLICHE VERÖFFENTLICHUNGEN DER EG (Hrsg.) 2003, S. 39

---

[28] AMT FÜR AMTLICHE VERÖFFENTLICHUNGEN DER EG (Hrsg.) (2003): Umsetzung der Richtlinie 2001/42/EG des Europäischen Parlaments und des Rates über die Prüfung der Umweltauswirkungen bestimmter Pläne und Programme, Luxemburg

[29] hierunter sind wegen der fehlenden Konkretisierung nicht lediglich erhebliche negative Umweltauswirkungen zu verstehen

[30] vgl. weiterführend ARGE DANIELZYK, R.; KORIS – KOMMUNIKATIVE STADT- UND REGIONALPLANUNG, REITZIG (2003): Öffentlichkeitsbeteiligung bei Programmen und Plänen der Raumordnung. Ressortforschungsvorhaben i. A. d. BMVBW

Die Beteiligung zum Planentwurf beinhaltet folgende Schritte:
- Der Regionalplanentwurf mit Begründung sowie der Umweltbericht (ggf. als Teil der Begründung) sind den Umweltbehörden zuzusenden.
- Der Regionalplanentwurf mit Begründung sowie der Umweltbericht sind der Öffentlichkeit durch Auslegung zugänglich zu machen, wie im Landesrecht vorgesehen.
- Die Auslegung des Regionalplanentwurfs und Umweltberichts ist rechtzeitig ortsüblich bekannt zu machen.
- Die Auslegung soll über ausreichenden einen Zeitraum gem. Landesrecht erfolgen. Die Frist für die Abgabe von Stellungnahmen nach Ende der Auslegung soll mindestens 2 Wochen betragen. Das Einstellen der Planunterlagen ins Internet kann aus rechtlichen Gründen nur zusätzlich zur Auslegung erfolgen.[31]

Die Anforderungen einer **grenzüberschreitenden Beteiligung** ergeben sich aus §7 (6) ROG i. V. m. den Vorgaben des UVPG[32] (vgl. auch Tab. 1). Dies ist im Einzelfall abzustimmen. Schon bislang hat gemäß § 16 ROG eine grenzüberschreitende Abstimmung raumbedeutsamer Planungen und Maßnahmen mit den betroffenen Nachbarstaaten nach den Grundsätzen von Gegenseitigkeit und Gleichwertigkeit stattgefunden.

Berücksichtigung bei der Entscheidungsfindung

Die Berücksichtigung **des Umweltberichtes** bei der Entscheidungsfindung erfolgt zum einen bereits planungsbegleitend (vorgezogen). Zum anderen soll der Umweltbericht, zusammen mit **Ergebnissen der Beteiligung** bei der Erstellung der endgültigen Planfassung berücksichtigt werden. Dies ist in der abschließend zu erstellenden **zusammenfassenden Erklärung** darzulegen.

Der Umweltbericht ist, soweit er Teil der Begründung ist, entsprechend den Änderungen der Festlegungen des Plans fortzuschreiben und zusammen mit den endgültigen Festlegungen des Plans abzuschließen. Jedoch fordert die RL 2001/42/EG ebenso wenig wie §7(5) ROG eine Fortschreibung des Umweltberichts nach erfolgter Beteiligung. Daher ist es auch denkbar, den Umweltbericht, sofern als eigenständiges Dokument und Bestandteil der sonstigen Unterlagen angelegt, statisch anzulegen und nach der Durchführung des Beteiligungsverfah-

---

[31] Vorschläge für „gute Praxis" entnommen aus EBERLE, D.; JACOBY, CH.; KRAETZSCHMER, D.; NÄCKEL, A. (2004): Umsetzung der Plan-/ Programm-UVP-Richtlinie der EG, TV 2: Umweltprüfung ausgewählter Regionalpläne (Praxistest) (unveröff.), S. 34

[32] Gesetz über die Umweltverträglichkeitsprüfung (UVPG) vom 21. Februar 1990 (BGBl. I S. 205), zuletzt geändert durch Artikel 1 des Gesetzes vom 27. Juli 2001 (BGBl. I 1950, §8; §14j ÄndE UVPG

rens nicht mehr zu ändern[33]. Dabei wäre im Ergebnis der Beteiligung der Plan samt Erläuterungen gegebenenfalls zu modifizieren, wohingegen Änderungen in der Bewertung der Umweltauswirkungen in die Zusammenfassende Erklärung zu dokumentieren sind.

---

[33] MKRO (5/2004): Umweltprüfung von Raumordnungsplänen - Erste Hinweise zur Umsetzung der RL 2001/42/EG

Juliane Krause

Mobilität von Kindern und Jugendlichen im öffentlichen Raum

0. Vorbemerkungen

Unsere heutige Verkehrs- und Siedlungsstruktur ist überwiegend geprägt durch den autogerechten Aus- und Umbau von Städten. Dies ist verknüpft mit den bekannten negativen Auswirkungen wie Lärm- und Abgasbelastung, Flächenverbrauch, vollgeparkten Geh- und Radwegen, Verkehrsunfällen sowie Verlust von Spiel- und Freiflächen. Die Hauptbetroffenen der Auswirkungen unserer automobilen Gesellschaft sind diejenigen, die sich ohne Auto bewegen und entweder zu Fuß oder mit dem Fahrrad unterwegs sind und das sind insbesondere Kinder, Frauen und ältere Menschen. Darüber hinaus nutzen Kinder Straßen nicht nur als Verkehrsweg, sondern als Raum zum Spielen und als Treffpunkt mit anderen Kindern. Kinderwege sind Spielwege. Die Situation in unseren Städten ist aber dadurch gekennzeichnet, dass es kaum noch Spielräume (nicht Spielplätze) gibt, wo sich Kinder gefahrlos und unbegleitet austoben können.

Kinder haben einen Anspruch auf eine menschenwürdige, gesunde Entwicklung und damit das Recht auf entsprechende Lebensbedingungen. Das beinhaltet den Schutz und die Versorgung von Kindern und Jugendlichen ebenso wie deren gleichberechtigte Teilnahme an der Gesellschaft und ihre Beteiligung am politischen Prozess. Dies kann aus dem Grundgesetz abgeleitet werden und wird durch die ratifizierte UNO-Konvention über die Rechte des Kindes bekräftigt. Die Stadt als Lebensraum für alle (und damit auch oder besonders für Kinder) und als Organisationsform gesellschaftlichen Lebens ist in besonderer Weise im Rahmen einer zukunftsfähigen und nachhaltigen Entwicklung (sustainable development) gefordert. Die UN-Kommission für Umwelt und Entwicklung hat sustainable development als jene Form der Entwicklung definiert, die die ökologischen, sozialen und ökonomischen Bedürfnisse der Gegenwart deckt, ohne zukünftigen Generationen die Grundlage für deren Bedürfnisbefriedigung zu nehmen.

Dazu zählt in erster Linie, dass wir die Lebensräume für unsere Kinder sichern, um so einen Beitrag zu einer nachhaltigen Stadtentwicklung zu leisten. Dieser Zusammenhang wird jedoch von Stadt- und Verkehrsplanerinnen und –planern noch zu häufig übersehen bzw. die Bedürfnisse von Kindern und Jugendlichen werden ausschließlich aus der Sicht Erwachsener formuliert.

1. Die Situation in unseren Städten

Eltern haben am meisten Angst davor, dass ihre Kinder bei einem Verkehrsunfall zu Schaden kommen (s. **Bild 1**). Auf das Unfallrisiko, die Gefährdung und die mangelnde "Verkehrskompetenz" ihrer Kinder reagieren Eltern mit vermehrtem Schutz und vermehrten Verhaltenseinschränkungen: Eltern lassen ihre Kinder nur in begrenztem Maße selbständig am Verkehr teilnehmen. Sie lassen sie nicht oder kaum draußen allein spielen, begleiten sie auf ihren Wegen oder befördern sie mit dem Auto an ihre Zielorte. Man spricht in diesem Zusammenhang von Begleitmobilität (s. **Bild 2**).

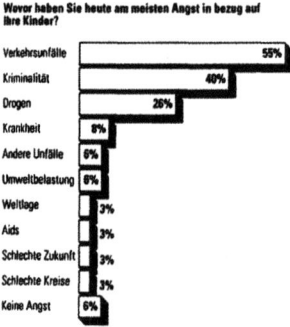

Bild 1: Angst der Eltern in Bezug auf ihre Kinder (Quelle: RAUH et al., 1995)

Die Situation auf unseren Straßen und die Tatsache, dass Kinder auf ihren Wegen begleitet werden müssen, hat den Verlust an unabhängiger Mobilität für Kinder aller Altersgruppen zur Folge - insbesondere jedoch für jüngere Kinder. Gerade die unabhängige Mobilität, d.h. das eigenständige Bewegen im öffentlichen Raum ohne elterliche Kontrolle (s. **Bild 2**), ist aber ein wesentliches Element einer gesunden Entwicklung von Kindern. Erst das unabhängige Erkunden des eigenen **Lebensraumes** ermöglicht es, sich selbst als eigenständiges und soziales Wesen zu erfahren. Als Lebensraum wird dabei der Raum bezeichnet, der von den Kindern und Jugendlichen zu Fuß oder mit dem Fahrrad durchfahren oder durchquert wird (s. **Bild 3**). Es geht also dabei also nicht um den Raum, der mit dem Auto durchfahren wird. Man auch von „verinselten" Räumen oder von Teilräumen des Kindes, das sind z. B. die Räume, wie das Schwimmbad in der übernächsten Stadt oder die Musikschule im nächsten Stadtteil, die mit Auto oder Bus erreicht werden (LIMBOURG; 1995).

Eine unabhängige Mobilität ist auch Voraussetzung dafür, dass Kinder außerhalb von Familie und Schule altersgemäße Auseinandersetzungen üben können und eigene Normen und Werte erproben. Das heißt, unabhängige Mobilität und die damit verbundene altersbedingte Aneignung eines sich allmählich ausdehnenden Lebensraums kann somit nicht nur als Voraussetzung für eine Entwick-

Mobilität von Kindern und Jugendlichen im öffentlichen Raum   113

lung zur Selbständigkeit von Kindern betrachtet werden, sondern als Basis für eine gelungene kognitive, soziale und gesunde Entwicklung überhaupt.

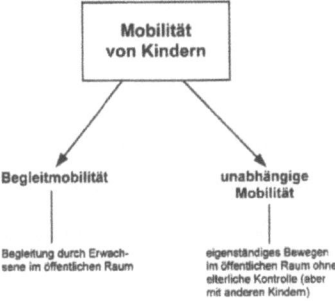

Bild 2: Mobilität von Kindern

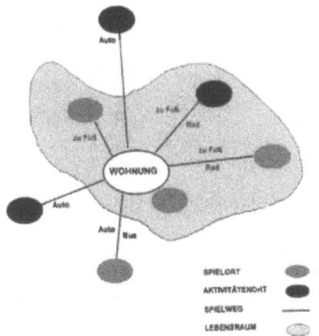

Bild 3: Der Lebensraum von Kindern und Jugendlichen (Quelle: KRAUSE/SCHÖMANN, 1999)

Fazit

- Verkehrs- und Siedlungsstruktur sind auf eine automobile Gesellschaft ausgerichtet
- Lärm und Abgase beeinträchtigen Gesundheit und Leistungsniveau
- Kinder / Jugendliche legen ihre Wege überwiegend zu Fuß oder mit dem Rad zurück
- Kinder / Jugendliche sind in ihrer Bewegungsfreiheit erheblich eingeschränkt
- Bei Planungen werden Kinder / Jugendliche selten beteiligt

Verkehrsicherheit und sichere Verkehrsteilnahme

Die Unfallbeteiligung steigt mit dem Alter, weil mit zunehmendem Alter die Kinder auch weitere Wege zurücklegen und einen größeren Aktionsraum haben. Ein Drittel aller Kinder verunglückt im Pkw als Mitfahrer (s. Tab.1) aus den unterschiedlichen Untersuchungen lässt sich ferner festhalten (LIMBOURG, 1995):

Mädchen verunglücken seltener als Jungen

Ausländische Kinder/Jugendliche verunglücken häufiger als deutsche

50 % der Unfälle geschehen in einem Umkreis von 500 m um die eigene Wohnung und 90 % in einem Umkreis von 1.000 m

Die Schulwege sind relativ sicher. Kinder verunfallen auf den nachmittäglichen Freizeitwegen (zwischen 16 und 17 Uhr).

Verunglückte (2003):	Unfallbeteiligung nach Verkehrsmitteln:
• als Radfahrer 35 % • als PKW-Mitfahrer 34% • als Fußgänger 27%	• < 6 Jährige als PKW-Mitfahrer • 6-9 Jährige als Fußgänger • 11-15 Jährige als Radfahrer • 15-17 Jährige als Zweiradfahrer

Tab.1: Verunglückte als Radfahrer, PKW-Mitfahrer und Fußgänger

Tab. 2: Unfallbeteiligung nach Verkehrsmitteln und Alter

Entscheidende Einflussfaktoren für die Wahrscheinlichkeit der sicheren Verkehrsteilnahme sind das Alter, das Verkehrsmittel, die Nationalität und auch das Geschlecht zu nennen.

Das Fehlverhalten von Kindern ergibt sich häufig aus ihrer Überforderung im Straßenverkehr. **Tab. 3** zeigt die Altersstufen, in denen zur sicheren Verkehrsteilnahme notwendige Fähigkeiten ausgebildet werden. Daraus sowie aus weiteren Beobachtungen lassen sich die Fähigkeiten zur sicheren Verkehrsteilnahme mit den verschiedenen Verkehrsmitteln ableiten (vgl. **Tab. 4**). Es ist davon auszugehen, dass bis zu einem Alter von ca. 14 Jahren die verkehrsrelevanten Fähigkeiten, Fertigkeiten und Erfahrungen erworben worden sind (FUNK / FASSMANN, 2002).

Mobilität von Kindern und Jugendlichen im öffentlichen Raum 115

Gefahren- und Sicherheitsbewusstsein
- 5-6 Jahre: akutes Gefahrenbewusstsein
- mit ca. 8 Jahren: vorausschauendes Gefahrenbewusstsein
- mit ca. 9-10 Jahren: Präventionsbewusstsein
Entfernungs- und Geschwindigkeitsschätzung
- ab ca. 7 Jahren: Entfernungsschätzung
- mit ca. 10 Jahren: Geschwindigkeitsschätzung
Soziale Fähigkeiten
- ab ca. 8 Jahren: Einfühlungsvermögen in andere Personen
Aufmerksamkeit und Konzentration
- ab ca. 8 Jahren: Konzentrationsfähigkeit über längere Zeit (z.B. Dauer des Schulweges), jedoch leicht ablenkbar
- ab ca. 14 Jahren: Konzentrationsfähigkeit voll ausgebildet
Motorische Fähigkeiten
- mit ca. 9-10 Jahren: sichere Beherrschung des Fahrrads

Tab. 3: Vorhandene Fähigkeiten zur sicheren Verkehrsteilnahme (nach LIMBOURG, 1997)

zu Fuß gehen
- ab 8 Jahren „einigermaßen sicher"
Radfahren
- ab 8 Jahren deutliche Verringerung des Fehlverhaltens
- ab 14 Jahren sicheres Radfahren
ÖV nutzen
- im Grundschulalter Fähigkeit zur selbstständigen ÖV-Nutzung
- ab 11 bis 12 Jahren Fähigkeit zur umfassenden ÖV-Nutzung

Tab. 4: Fähigkeiten zur Verkehrsteilnahme nach Verkehrsmitteln (nach LIMBOURG, 1997)

Neben dem Alter spielt hinsichtlich der Unfallgefährdung auch die Erfahrung im Straßenverkehr eine wesentliche Rolle. Eine hohe selbstständige Mobilität von Kindern verringert das Risiko tödlicher Unfälle. Auch FUNK et al. (2004) stellen neuere Ansätze in der Verkehrserziehung vor, nach denen nicht die Altersgrenzen, sondern die Trainingsmethoden die Wirksamkeit der Verkehrssicherheitsarbeit wesentlich bestimmen. Beispielsweise wurde nachgewiesen, dass häufige Radbenutzung und Trainingsprogramme die Radfahrkompetenzen von Kindern signifikant erhöhen

Notwendig ist eine Verkehrsraumgestaltung, welche die Eignung für Kinder entsprechend ihren Entwicklungsstufen berücksichtigt und Bewegungsräume für eine gesunde, motorische und soziale Entwicklung schafft. HÜTTENMOSER (2003) weist darauf hin, dass kinderfreundliche Räume nicht völlig gefahrlos gestaltet sein müssen, denn „ohne Risiko gibt es keine Entwicklung", aber die Risiken sollten erkennbar und zu bewältigen sein (vgl. auch FUNK et al., 2004).

2. Mobilitätskennwerte und Verkehrsteilnahme

Neben dem bedeutsamen Thema der unabhängigen Mobilität lassen sich die alltäglichen Wege der Kinder und Jugendlichen (Alltagsmobilität) an einigen wichtigen Kennziffern zur Verkehrsbeteiligung festmachen, wie sie allgemein in der Verkehrsplanung verwendet werden. Dabei unterscheiden sich die Wege der Kinder hinsichtlich Wegezweck, genutzter Verkehrsmittel und zurückgelegter Entfernungen von den Wegen der Erwachsenen.

Kinder haben eine höhere Mobilität und eine größere Verkehrsbeteiligungsquote als Erwachsene. (Bezogen auf einen bestimmten Tag liegt also dann eine Verkehrsbeteiligung vor, wenn eine Person an diesem Tag mindestens einen Weg durchgeführt hat. Man sagt dann auch, die Person sei an dem entsprechenden Tag mobil gewesen).

So liegt die Verkehrsbeteiligungsquote der Kinder und Jugendlichen bei 91% und sie führen 3,1 - 3,7 Wege pro mobiler Person und Tag aus, bei Erwachsenen liegt die Verkehrsbeteiligungsquote bei 84 % und die Mobilitätsrate bei 3,1 Wegen pro mobiler Person (**s. Tab. 5**). Beide Kenngrößen sind eng an das Alter gebunden.

	Kinder & Jugendliche	Erwachsene
Mobilitätsrate (Wege pro mobiler Person/Tag)	3,1 – 3,7	3,1
Verkehrsbeteiligung	91 %	84 %
Durchschnittl. Wegelänge/Weg (über alle Verkehrsmittel)	7,2 km	10,8 km

Tab. 5: Mobilitätskennziffern (MID, 2002)

Die Aktivitäten von Kindern und Jugendlichen unterscheiden sich von denen der Erwachsenen

Bild 5 zeigt die Aktivitäten von Kindern und Jugendlichen und die der Gesamtbevölkerung am Beispiel München. Sie basieren auf den Ergebnissen der Untersuchung (MID) Mobilität in Deutschland und sind für die Stadt München differenziert ausgewertet.

Die häufigsten Aktivitäten sind

- Wege zu Schule
- Stadtbummel/Einkauf
- Freund/Freundin besuchen
- Verwandte/Bekannte besuchen
- Spielen auf Spiel-/ bzw. Sportplatz.

Bis auf die Wege zur Schule fallen die Aktivitäten unter den Begriff Freizeitverkehr.

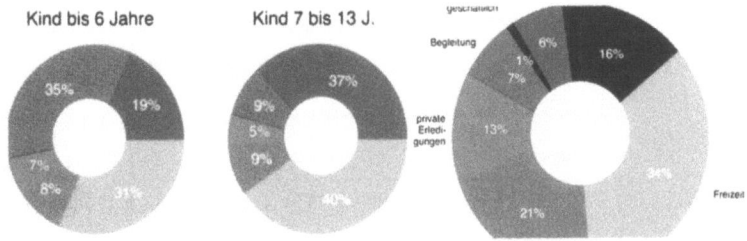

Bild 5: Aktivitäten von Kindern/Jugendlichen und Erwachsenen (Quelle: MID Stadt München, 2002)

Begleitmobilität

Die Begleitung von Kindern hängt stark vom Alter ab (s. Tab. 7). Die selbständige Verkehrsteilnahme beginnt für die Mehrzahl der Kinder im 5. und 6. Lebensjahr. Im Alter von 7 - 10 Jahren werden nur ca. 23% der Wege ohne Begleitung zurückgelegt. Ob ein Weg mit oder ohne Begleitung durchgeführt wird, hängt stark vom Wegezweck ab. Der Anteil der Begleitwege der Mütter an den Wegen der Kinder hat insgesamt in den letzten zwei Jahrzehnten erheblich zugenommen (vgl. WITTENBERG ET AL., 1987, DEGEN-ZIMMERMANN, 1995). Nach FLADE (1993) werden Kindergartenkinder auf 91% ihrer Wege begleitet, meist zu Fuß, nicht selten mit dem PKW. Vergleichsweise niedrige Begleitungsquoten findet man bei Schulwegen und bei Wegen zum Spielen.

Der Anteil von selbstständigen Wegen hat deutlich abgenommen. **Tab. 6** zeigt die Begleitquoten zweier Untersuchungen, die im Abstand von 15 Jahren durchgeführt wurden. 1987 haben noch mehr als ein Drittel der Kinder und Jugendlichen ihre Wege selbstständig zurücklegt, 15 Jahre später werden die Hälfte der Kinder und Jugendlichen auf ihren Wegen begleitet.

Begleitperson	Wittenberg et al. (1987)	FUNK/FASSMANN (2002)
allein	37,2 %	29,7 %
Eltern, Erwachsene	23,5 %	51,0 %
Kinder & Jugendliche	26,2 %	19,3 %
Andere Bekannte	4,1 %	-

Tab. 6: Entwicklung der Begleitmobilität in den letzten 15 Jahren

Altersklassen	Anteil unbegleiteter Wege
0-6 Jährige	2 %
7-10 Jährige	23 %
11-13 Jährige	32 %
14-17 Jährige	40 %
Mittelwert 0-17 Jährige	22 %
Mittelwert Gesamtbevölkerung	52 %

Tab. 7: Anteil unbegleiteter Wege nach Alter (Quelle: MID, 2002)

Vergleichsweise niedrige Begleitquoten gibt es bei Schulwegen und Spielwegen. Kinder begleiten aber auch ihre Eltern: Viele Kinder machen Wege in Begleitung ihrer Eltern (Die Mutter muss zum Zahnarzt, das Kind muss mit, weil es nicht allein auf der Straße spielen soll).

Verkehrsmittelwahl

Auch die Verkehrsmittelwahl zwischen Erwachsenen und Kindern bzw. Jugendlichen unterscheidet sich. Kinder und Jugendliche sind in erster Linie zu Fuß oder mit dem Fahrrad unterwegs (s. **Bild 6**). Im Zeitvergleich 1985 bis 2002, kann man festhalten, dass der Anteil der Pkw-Mitfahrer deutlich zulasten der Fuß- und Radwege bei Kindern zugenommen hat.

Differenziert man jetzt nach Altersgruppen, wird deutlich dass der Radverkehrsanteil bei 10- bis 17-Jährigen mit 16 % deutlich höher ist verglichen mit dem bundesweiten Anteil von 9 %. Also, die Jugendlichen oder die älteren Kinder in diesem Alter sind sehr viel mit dem Fahrrad unterwegs. Und der Zufußanteil ist eben mit 34 beziehungsweise 32 % auch sehr viel höher als der Bundesdurchschnitt mit 23 %.

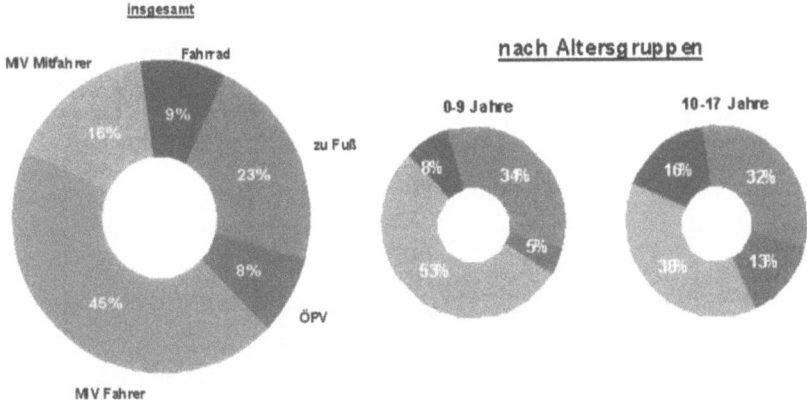

Bild 6: Verkehrsmittelwahl (insgesamt und nach Altersgruppen (Quelle: MID, 2002)

Verkehrsmittel / Spielgeräte

Wie sind die Kinder und Jugendlichen im öffentlichen Raum unterwegs? Welche Verkehrsmittel und Spielgeräte nutzen sie? Kinder unter 5 Jahre nutzen die so genannten Kinderfahrzeuge, Tretroller oder Fahrräder mit Stützrädern. Die Kinder im Alter von 6 bis 14 Jahre nutzen in erster Linie Inlineskates, Skateboards und Fahrräder. Und die älteren Kinder und die Jugendlichen nehmen Mountainbikes, auch Fahrräder und motorisierte Zweiräder. Die Altersgruppe 12 bis 15 Jahre ist hauptsächlich mit dem Fahrrad unterwegs. Die Nutzung ist geschlechtsspezifisch: Jungens nutzen eher Mountainbikes, Skateboards, motorisierte Zweiräder, Mädchen eher Inlineskates und Fahrräder.

Das Fahrrad: Verkehrsmittel und Spielgerät

Das Fahrrad ist Verkehrsmittel und Spielgerät. Das Einstiegsalter liegt bei etwa 4 Jahren. Zwei Drittel der Kinder bis 6 Jahre verfügen über ein Fahrrad und sind damit auch nachmittags unterwegs, auch wenn sie noch nicht die Fahrradprüfung bestanden haben. Und bei den 6- bis 10-Jährigen besitzen 90 % ein Fahrrad (s. **Bild 7**). Weiterhin ist festzuhalten, dass Kinder und Jugendliche auf dem

Schulweg versichert sind, unabhängig davon, mit welchem Verkehrsmittel sie unterwegs sind und auch für die Fahrt mit dem Rad zur (Grund)schule ist nicht die Fahrradprüfung Voraussetzung. Es obliegt den Eltern, mit welchem Verkehrsmittel sie ihre Kinder zur Schule lassen, die Schulen haben darauf keinen Einfluss. Es kommt also auf die Eltern an, wie viel Zutrauen sie zu ihren Kindern oder zu ihrer Wohnumwelt haben.

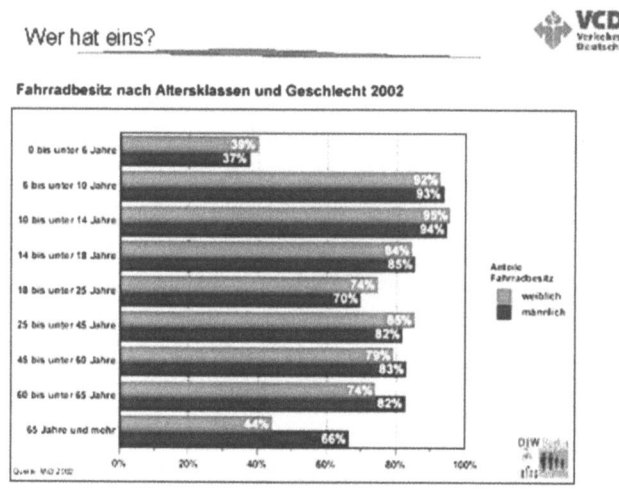

Bild 7: Fahrradbesitz nach Alter und Geschlecht (MID, 2002)

Die Straßenverkehrsordnung (StVO) sieht vor, dass bis zum vollendeten 8. Lebensjahr Kinder auf dem Gehweg radeln müssen, bis zum 10. Lebensjahr dürfen sie dort radeln. Dies gilt auch für den Fall, dass ein benutzungspflichtiger Radweg vorhanden ist.

Die Wege der Kinder & Jugendlichen

Die Wege der Kinder und Jugendlichen im Stadtgebiet lassen sich unterscheiden nach

- Weg zur Schule;
- Wege zu Spielorten;
- Wege zu regelmäßigen Aktivitäten (Fußballtraining, Musikstunde);
- Wege zu zielgerichteten Aktivitäten (z. B. Einkaufen, Freund besuchen);

(s. **Bild 8**).

Die Ergebnisse der bundesweiten Untersuchung „Mobilität in Deutschland" besagen, dass durchschnittlich Kinder und Jugendliche 18 km pro Tag zurücklegen, bei den Erwachsenen sind es 37 km pro Tag. Die Länge der Wege nimmt natürlich mit dem Alter zu. Bei den 0-3 Jährigen (überwiegend im PKW) sind es im Schnitt 6,4 km und bei den 14 bis 17-Jährigen 8,6 km pro Tag. Dies gilt über alle Verkehrsmittel und schließt Autofahrten (Begleitmobilität) mit ein.

Bild 8: Kinderwege (Quelle: KRAUSE/SCHÖMANN,1999)

Eine Untersuchung bei Grundschulkindern (1. und 4. Klasse), zeigt, dass die Wege zu den Spielorten (zu Fuß oder mit dem Rad) deutlich unter der mittleren Wegelänge liegen. Bei Erstklässlern sind 90 % und bei Viertklässlern zwei Drittel der Wege im Quartier in einer Entfernung von ca. 400 m. Wenn es besonders attraktive Spielorte gibt, dann werden große Entfernungen zurückgelegt (bis zu 2 km pro Weg), das heißt, die Ausdehnung des Lebensraums hat viel mit der Attraktivität von Spielorten zu tun. Die durchschnittliche Anzahl der Ziele pro Kind sind 9 Ziele (KRAUSE/SCHÖMANN, 1999).

3. Kinder- und Jugendorte

Kinder und Jugendliche sind grundsätzlich überall im öffentlichen Raum zu finden: im Straßenraum, an belebten Orten, im Park und in Grünanlagen. Kinderorte sind Orte, die von Kindern ohne Erwachsene nachmittags draußen aufgesucht werden. Sie lassen sich unterscheiden in Spielorte und Aktivitätenorte und Spielorte (s. **Bild 9**). Aktivitätenorte sind zum Beispiel solche Orte regelmäßiger zielgerichteter Aktivitäten, wie beispielsweise Musikschule, aber auch der regelmäßige Gang zum Einkaufen. Eine besondere Bedeutung haben beispielsweise Einkaufsgelegenheiten oder Kioske (s. **Bild 10**). Es sind aus Sicht der Kinder hoch attraktive Orte, was oftmals bei Planungen vergessen wird.

Also, Kinder- und Jugendorte sind grundsätzlich überall im öffentlichen Raum zu finden.

Bild 11: Gehwegbereich als Flohmarkt   *Bild 10: Attraktiver Ort: der Kiosk*

Anforderungen an Kinderorte / Jugendorte

Die Anforderungen an öffentliche Räume sind altersabhängig. **Kinderorte** sollten Aktivitäten zulassen, die viel Platz benötigen. Kinder brauchen sehr viel Bewegung und von daher müssen diese Orte, an denen die Kinder sind Ballspiele, Fangspiele, Verstecken und auch Radfahren zulassen. Dieses sind auch die häufigsten Tätigkeiten von Kindern im öffentlichen Raum. Es sind keine ortsfesten Spiele, sondern Bewegungsspiele. Auch die Spielorte sind vielfältig. Kinder eignen sich die Möblierungs- und Ausstattungselemente im Straßenraum an. Dazu gehören beispielsweise Lichtkästen, die als Beobachtungsposten genutzt werden (s. **Bild 12**).

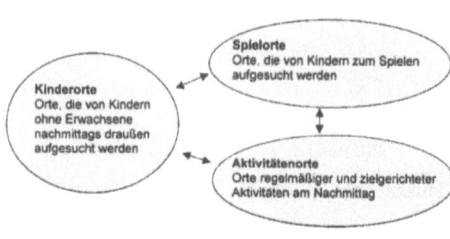

Bild 12: Aneignung von Elementen im Straßenraum (Beobachtungsposten)   *Bild 9: Kinderorte – Spielorte und Aktivitätenorte (Quelle: KRAUSE/SCHÖMANN, 1999)*

Die **Jugendorte** unterscheiden sich von den Orten der Kinder. Beliebte Jugendorte sind zentrale Plätze, die Innenstadt, Einkaufsstraßen, das können auch Einkaufszentren sein, Haltestellen des ÖPNV (s. **Bild 13**). Haltestellen sind wichtige Treffpunkte. Jugendliche haben das Bedürfnis zur Teilnahme an der Öffentlichkeit, und zur Selbstdarstellung. Das bedeutet, Jugendliche brauchen Räume im gesamten Stadtgebiet, aber auch abgrenzbare Räume als Rückzugsmöglichkeit. Das bedeutet beispielsweise, dass Wohnstraßen für Jugendliche keine Aufenthaltsorte mehr sind

Bild 13: Treffpunkt ÖPNV-Haltestelle   *Bild 14: Treffpunkt Rollschuhbahn*

Lieblingsorte, Meckerorte, verbotene Orte

Aus Sicht der Kinder und Jugendlichen können die Orte, an denen sie sich aufhalten (Spielorte), auch bewertet werden. Sie können unterschieden werden in Lieblingsorte (s. **Bild 16**), Spielorte mit Ärger (s. **Bild 15**), Angstorte, verbotene Orte, verbotene Orte, die aber aufgesucht werden (z.B. Teich). Identifizieren kann man diese Orte in der Regel, in dem man Ortsbegehungen (sogenannte Interviewstreifzüge mit Kindern veranstaltet: **Spielorte mit Ärger (oder Meckerorte)**, das sind beispielsweise Abgrenzflächen zwischen Hausflächen, wo dann der Hausmeister oder die älteren Menschen sich gestört fühlen (Ärger mit den Erwachsenen). **Angstorte** aus Sicht der Kinder sind vor allen Dingen Orte, an denen sich ältere Kinder aufhalten. Aus Sicht der Erwachsenen sind Angstorte z. B. Orte, wo Obdachlose oder Alkoholiker sich aufhalten, die Kinder sehen das nicht so. Für Kinder sind Orte mit Angst dort, wo sich Jugendliche aufhalten. Und da Jugendliche kaum Treffpunkte im öffentlichen Raum haben, sind sie größtenteils auch auf Spielplätzen zu finden. Hier kommt es zu Konflikten (KRAUSE/SCHÖMANN, 1999).

Bild 15: Treppe als Spielort mit Ärger *Bild 16: Stadtteilzentrum als attraktiver Spielort*

Aktivitäten von Kindern und Jugendlichen im öffentlichen Raum

Der Lebensraum der **Vorschulkinder** ist die vertraute Umgebung, das **nähere Wohnumfeld**, in einer Entfernung von ca. 100 m von der Wohnung. Aufenthaltsbereiche sind die typischen Wohn- und Anliegerstraßen, verkehrsberuhigte Bereiche, evtl. auch noch Tempo 30- Zonen. Sie bilden den Lebensraum der Vorschulkinder. Die Aktivitäten der Vorschulkinder sind raumgreifend, Ballspielen, vor allen Dingen Fahrradfahren. Vorschulkinder sind auch nachmittags allein im Wohnumfeld unterwegs. Verbotene Orte, an denen Spielen aus Sicht der Vorschulkinder erlaubt sein sollte, ist mit Abstand der Straßenraum, weil der Straßenraum eben raumgreifendes Spielen zulässt wie Ballspielen, Radfahren, einfach rumstreifen und mal gucken, was passiert (KRAUSE et al., 2005).

Die **Grundschulkinder** (6- bis 10-Jährige) haben Anforderungen an so genannte ortsfeste Aktivitäten, aber diese gehen über eine sichere Verkehrsteilnahme hinaus. Grundschulkinder sind in erster Linie zu Fuß unterwegs. Von Bedeutung ist die **Aufenthaltsqualität** von **Straßen und Plätze**, sie sollten interessant gestaltet sein. Hier wollen sie ihre Freunde treffen und spielen.

Aus Sicht der **Älteren Kinder** (12- bis 14-Jährige) sind in erster Linie durchgängige, Radwegeverbindungen zu den Spielorten ein wichtiges Thema (sie haben auch den höchsten Radverkehrsanteil, s. Bild 5). Weiterhin sozial sichere, durchlässige und verkehrssichere Räume. Die Jugendlichen (15-18 Jahre) sind häufiger mit dem ÖPNV unterwegs, die haben das Ziel Innenstadt und die Disko am Wochenende.

4. Zusammenfassende Anforderungen an den öffentlichen Raum

Die Anforderungen an den öffentlichen Raum sind stark altersabhängig. Sie sind abhängig von den Merkmalen und Vorlieben der Kinder und Jugendlichen. Mit zunehmendem Alter weitet sich der Aktionsradius aus und die Bedürfnisse und Anforderungen verändern sich.

Für Vorschulkinder und Grundschulkinder hat der Straßenraum als Spiel- und Aufenthaltsort eine hohe Bedeutung. Für die Älteren Kinder sind die Aufenthaltsorte und ihre Aufenthaltsqualitäten als Treffpunkte bedeutsam. Bei den Jugendlichen ist der Bezug zum öffentlichen Raum eher gering. Sie interessiert in erster Linie die Situation im ÖPNV, insbesondere wünschen sie sich gute ÖV-Verbindungen (Nachtbusse, Schnellbusse usw.) und eine andere Tarifgestaltung (Schülerrabatte). Die Nutzung des öffentlichen Raumes durch Jugendliche beschränkt sich vorrangig auf die Verbindung von verschiedenen Orten ihrer Aktivitäten. Sie halten sich im öffentlichen Raum eher zu reinen Verkehrszwecken auf. Ältere Kinder und vor allem Jugendliche sehen ihre Aufenthaltsräume verstärkt in kommerziellen Orten. Sie wählen für ihre Freizeitaktivitäten seltener Orte im öffentlichen Raum.

Kriterien, die einen Ort im öffentlichen Raum zu einem attraktiven Spiel- und Aufenthaltsort machen, sind:
- ausreichender Bewegungsraum für raumgreifendes Spiel
- Möglichkeit zur Interaktion mit Kindern und Jugendlichen, aber auch Erwachsenen
- Möglichkeiten zur Umnutzung von Gegenständen und Räumen,
- Rückzugsmöglichkeiten
- abwechslungsreiche Materialien und Elemente
- keine einschränkenden Verbote
- objektive und subjektive Sicherheit
- sichere und attraktive Vernetzung mit anderen Kinderorten.

5. Maßnahmen zur Rückgewinnung der Straße als Lebensraum

Was kann nun die Planung tun, also was können wir, auch als Erwachsene, tun, nun aus Kinder- und Jugendsicht attraktive öffentliche Räume zu schaffen?

Bei Maßnahmen der Stadt- und Verkehrsplanung ist die Rückgewinnung des öffentlichen Raumes durch Kinder und Jugendliche zu gewährleisten, um ihnen ein sicheres und eigenständiges Fortbewegen zu ermöglichen. Die schwächsten Verkehrsteilnehmer sollten der Maßstab für die Gestaltung des öffentlichen Raumes sein. Der Straßenverkehr muss dem eingeschränkten Leistungsvermögen der Kinder angepasst werden und nicht umgekehrt, die besondere Schutzbedürftigkeit von Kindern muss beachtet werden.

Die entscheidenden Restriktionen für die Spiel- und Entwicklungsmöglichkeiten besonders von Kindern sind Menge und Geschwindigkeit des Autoverkehrs. Der zweite entscheidende Faktor ist das Vorhandensein von Fläche für Spiel und Aufenthalt und die Vernetzung der Spiel- und Aufenthaltsorte. Das Vorhandensein und die Vernetzung der Spiel- und Aufenthaltsorte durch sichere und attraktive Rad- und Fußverkehrsverbindungen sind eine weitere Voraussetzung dafür, dass Kinder überhaupt die Möglichkeit haben, sich eigenständig im öffentlichen Raum zu bewegen. Weitere Maßnahmen umfassen die Erhöhung der Verkehrssicherheit, Förderung von autoarmen Wohngebieten, Mobilitätserziehung und die Sensibilisierung der Erwachsenen für die kindlichen Belange. Wichtig ist auch die Beteiligung von Kindern und jugendlichen an der Planung. Eine Zusammenstellung der Maßnahmen zeigt **Bild 17**.

- **Generelle Entschleunigung des Verkehrs**
  - flächendeckendes Stadttempo 30
  - Schrittgeschwindigkeit in Wohnstraßen (Verkehrsberuhigte Zone)
  - Verkehrsberuhigung von Hauptgeschäfts- und -verkehrsstraßen
- **Spielraumvernetzung**
  - Spielräume von Kindern durch sichere und attraktive Fuß- und Radverkehrsverbindungen.
- **Erhöhung der Verkehrssicherheit**
  - Maßnahmen zur Attraktivitätssteigerung auf Kinderwegen
- **Förderung von autoarmen und damit kinderfreundlichen Wohngebieten**
- **Maßnahmen, die die "Stehzeuge" in unseren Straßenräumen verringern**
  - Änderung der Stellplatzsatzungen
- **Stärkere Ausrichtung des ÖPNV auf die Belange von älteren Kindern / Jugendlichen**
  - Einfache und begreifbare Liniennetze / Tarife
  - Anbindung ihrer Ziele
- **Mobilitätsmanagement / Mobilitätserziehung in der Schule**
- **Bewusstseinsbildung der Erwachsenen für kindliche Belange**
  - In der Verkehrssicherheitsarbeit
  - In der Ausbildung in den Fahrschulen
- **Förderung der Einrichtungen von Kinderkommissionen, Kinderparlamenten und Kinderverträglichkeitsprüfungen.**
- **Beteiligung von Kindern und Jugendlichen an der Planung**

Bild 17: Maßnahmen zur Rückgewinnung der Straße als Lebensraum für Kinder und Jugendliche

6. Beispiele

Nutzungsmischung

Gemischte Siedlungsstrukturen, d. h. Stadtteile, in denen die Funktionen Arbeiten – Wohnen – Freizeit vorhanden sind, bedeuten einmal kurze Wege für die den kleineren Aktionsradius von Kindern (und älteren Menschen), sie zeichnen sich aber auch durch eine höhere Attraktivität aufgrund der Angebotsvielfalt (z.B. Nahversorgung) aus. Gelegenheit hoher Qualität in gemischt genutzten Quartieren sind Plätze (s. **Bild 18**) und Fußgängerbereiche, auch Rückzugsorte sind dort möglich, beispielsweise in Toreinfahrten, wo sich Jugendliche hin zurückziehen können. Es gibt sehr viel mehr Kinderorte in gemischt genutzten Quartieren als in Einfamilienhausgebieten. Untersuchungen aus der Schweiz belegen, dass die Vorteile von Einfamilienhausgebieten (Grün- und Freiflächen, ruhige Anliegerstraßen) zu einer geringeren eigenständigen Mobilität von Kindern führen – im Vergleich zu gemischt genutzten Quartieren (Beispiel Zürich). Kinder in Einfamilienhausgebieten haben einen geringeren Lebensraum als Kinder in gemischt genutzten Quartieren (HÜTTENMOSER, 2003).

Bild 18: Gemischt genutztes Altbauquartier mit hoher Aufenthaltsqualität

Vernetzung der Spiel- und Aufenthaltsorte durch Fuß- und Radverkehrsnetze

Kinder sind nachmittags zu Fuß und mit dem Rad unterwegs, unabhängig vom Alter und Geschlecht. Auch vor dem Hintergrund, dass die meisten Unfälle mit Kinderbeteiligung am Nachmittag geschehen, wenn sie allein oder mit anderen Kindern unterwegs sind, ist die Vernetzung der Spielräume, das heißt die sichere und attraktive Anlage von Fuß- und Radverkehrsverbindungen, eine wichtige Maßnahme zur Rückgewinnung des öffentlichen Raumes.

Am Beispiel Radverkehr soll nachstehend dargestellt werden, was es heißen kann, die Spielorte der Kinder miteinander zu vernetzen. Im Rahmen der Radverkehrsplanung ist es erklärtes Ziel, den Radfahrerinnen und Radfahrern für alle Fahrten sichere, bequeme und möglichst direkte Wege anzubieten. Dazu werden alle relevanten Quellen (in der Regel zusammenhängende Wohngebiete) und Ziele (z. B. Schulen, Freizeiteinrichtungen, Einkaufsbereiche) erhoben und durch sogenannte Wunschlinien (geradlinige Verbindung zwischen Quelle und Ziel) miteinander verbunden. Diese Wunschlinien werden auf geeignete bzw. neu zu schaffende Wege und Straßen umgelegt.

Brauchbare Radverkehrsnetze für Kinder und Jugendliche müssen in erster Linie die Quellen und Ziele der Kinder also Wohnorte und Spielorte (s. **Tab. 8**), miteinander verbinden bzw. die Spielorte miteinander vernetzen. Wichtige Quellen und Ziele sind:

- Wohnungen ,die elterliche und die von Freunden;
- Kindergärten;
- Schulen, zunehmend auch nachmittägliche Treffpunkte;
- Einkaufsmöglichkeiten, auch Kioske und Automaten;
- die Innenstadt/ das Zentrum;
- Sport- und Spielanlagen;
- (Park-) Plätze;
- Freizeiteinrichtungen;
- Parks,
- Übergangsstellen in die freie Landschaft;
- Haltepunkte des ÖV;
- und alle anderen Orte, die für Kinder und Jugendliche interessant sind.

Tab. 8: Wichtige Quellen und Ziele für Rad- und Fußverkehrsnetze

Für Kinder, die mit dem Fahrrad unterwegs sind, ist in erster Linie die Vernetzung der quartiersbezogenen Spielorte und die Anbindung an die übergeordneten Spielräume wichtig.

Beispielhafte Maßnahmen für den Radverkehr sind:

- die Anlage ausreichend breiter Radwege an Hauptverkehrsstraßen;
- die Anlage von Radfahrstreifen und Schutzstreifen;
- Verbindungen durch Grünzonen oder separate Wohnwege, die den Radverkehr zulassen;

- „Gehweg/Radfahrer frei" (Wahlmöglichkeit)[1] (s. **Bild 19**);
- Öffnen von Einbahnstraßen;
- Anlage von Fahrradstraßen;
- Abstellanlagen an den Zielen.

Bild 19: *Gehweg / Radfahrer frei - Wahlmöglichkeit auf einer stark befahren Hauptverkehrsstraße*

Weniger und langsamer Autoverkehr

Die entscheidenden Restriktionen für die Spiel- und Entwicklungsmöglichkeiten besonders von Kindern sind Menge und Geschwindigkeit des Autoverkehrs. Weniger und langsamer Autoverkehr kommt deshalb den Belangen von Kindern und Jugendlichen entgegen. Das beinhaltet möglichst gleichartige Verkehrsverhältnisse in den Wohngebieten, dazu gehören flächenhafte Verkehrsberuhigung mit Tempo 30 – Zonen und verkehrsberuhigte Bereiche (Z 325 StVO). Es hat sich herausgestellt, dass es für Kinder von Vorteil ist, wenn „rechts vor links" die Regel ist. Geschwindigkeitsreduktion sollte auch für Hauptverkehrsstraßen gelten, besonders in Bereichen mit sensiblen Nutzungen (z.B. Schulen, Freizeiteinrichtungen). Hier besteht die Möglichkeit, Tempo 30 Höchstgeschwindigkeit anzuordnen oder, wenn es stärker frequentierte Bereiche mit Geschäften sind, die Möglichkeit, verkehrsberuhigte Geschäftsbereiche (Tempo 20) einzurichten.

---

[1] Hierbei besteht die Wahlmöglichkeit zwischen der Benutzung der Fahrbahn und dem Gehweg. Diese Variante ist besonders für Kinder (oder radelnde Mütter mit Kindern) geeignet, falls die Fahrbahn nach subjektiven Ermessen zu gefährlich erscheint: hier können sie auf gemeinsamer Fläche nebeneinander radeln

Weitere Maßnahmen sind:
- Abbau von Gehwegparken (s. **Bild 20**),
- Autoarme Wohngebiete (s. **Bild 21**),
- Förderung von Carsharing.

Bild 20: Fahrradstraße – das Gehwegparken sollte nicht zugelassen sein

Bild 21: Autofreies Wohngebiet (Freiburg – Vauban)

Straßenraumgestaltung

Elemente einer attraktiven Straßenraumgestaltung, die für ortsfestes Spiel (Vorschul- und Grundschulkinder) geeignet sind, sind:
- Ausreichende Fußwegbreite (Aufenthalt und Spiel mind. 2,5 m)
- Kleinteilige/kleinräumige Gestaltung
- Unterschiedliche Bodenbeschaffenheit
- Glattwege-Netz
- Wasser, Mauern, Zäune
- Möblierung
- Begrünung
- Sauberkeit

Wichtig ist aber auch, die Innenstadtbereiche, z.B. die Fußgängerzonen attraktiv für den Aufenthalt von Kindern und ortsfestes Spiel zu gestalten. Beispiele gibt es aus Langenhagen (bei Hannover), Wolfenbüttel und Merseburg. Hierzu zählt auch das Element Wasser (s. **Bild 22**).

Bild 22: Fußgängerzone mit Wasserlauf   *Bild 23: Attraktive Straßenraumgestaltung (Verkehrsberuhigter Bereich)*

Kinder und Jugendliche beteiligen!

Zur Beteiligung von Kindern und Jugendlichen an Entscheidungen auf kommunaler Ebene gibt es über die UN- Kinderrechtkommission, die AGENDA 21 der Vereinten Nationen von 1992, die „Europäische Charta über die Beteiligung der Jugendlichen am Leben der Gemeinden und Regionen" hinaus auf Bundesebene das Kinder- und Jugendhilfegesetz (KJHG) und in einigen Bundesländern die um einen Paragraphen „Beteiligung von Kindern und Jugendlichen" ergänzten Gemeindeordnungen (z. B. §47f, GO Schleswig-Holstein). Hier können die Länder über ihre Gemeindeordnungen konkrete Anforderungen an die Beteiligung von Kindern und Jugendlichen stellen. So ist festgelegt, dass die Gemeinde Kinder und Jugendliche bei Planungen und Vorhaben, die ihre Interessen berühren, in angemessener Weise beteiligen soll. Geeignete Verfahren sind zu entwickeln und durchzuführen.

Es gibt kaum Planungskonzepte bzw. Aufgaben, an denen Kinder und Jugendliche nicht beteiligt werden können. Die Bandbreite reicht von konzeptionellen Planungen wie Stadt- oder Dorfentwicklungspläne über Konzepte zur Wohnumfeldverbesserung und zur Verbesserung der Schulwegsicherheit bis hin zu konkreten Straßenraum – oder Platzgestaltungen bzw. funktionalen und gestalterischen Verbesserungen einzelner Bushaltestellen. Günstig hinsichtlich der Themenwahl ist generell eine hohe Realitätsnähe, insbesondere bei (jüngeren) Kindern. Mit dem Alter wächst die Fähigkeit, die eigene Meinung klar vertreten zu können, sowie das Abstraktionsvermögen (vgl. Tab. 9). Gleichzeitig wird das Lebensumfeld größer und reichhaltiger. Die Methodik ist auf das Thema und den Umfang der Planung, auf die Projektphase, auf die zeitlichen, finanziellen und personellen Rahmenbedingungen sowie auf die Fähigkeiten der Kinder und Jugendlichen (Alter, Sozialgruppe) abzustimmen. Empfehlenswert ist eine Kombination verschiedener Methoden (vgl. ausführlicher KRAUSE et al., 2005).

ab 4-6 Jahren	Kinder können ihre Meinung klar vertreten, wenn es um ihren Wohnblock oder einzelne Spiel- und Aufenthaltsorte geht.
von 6 bis 10 Jahren	Kinder überblicken den unmittelbaren Lebensbereich und sind in der Lage abwägende Entscheidungen zu treffen. Die Auswahl aus einer größeren Anzahl von Vorschlägen ist möglich. Handlungen sind stark lustorientiert und können über ent-sprechende spielorientierte Ansätze eingebunden werden.
ab 10 Jahren	Kinder können auf der Basis vorliegenden Wissens und der Abstraktionsfähigkeit ihr Lebensumfeld erörtern und Entscheidungen treffen.
ab 14 Jahren	Bei Kindern/Jugendlichen sind die Fähigkeiten, Strukturen zu abstrahieren, stärker entwickelt und verbale Auseinandersetzungen mit verschiedenen Fragestellungen werden möglich.

Tab. 9: *Entwicklung der Fähigkeiten von Kindern und Jugendlichen zur Gestaltung ihrer Umwelt (Quelle: BMFSFJ, 2001)*

Wesentliche Voraussetzungen für den Erfolg von Partizipationsprojekten sind:

- Unmittelbarer Bezug zur Erlebniswelt der Kinder
- Bedeutsamkeit der Planung für die beteiligten Kinder und Jugendlichen
- Auswahl eines konkreten Planungsgegenstandes
- Transparenz des Planungsprozesses
- Zeitnähe (Ergebnisse und Umsetzung)
- Keine Überforderung der Kinder und Jugendlichen
- Ernstnehmen der Belange von Kindern und Jugendlichen.

7. Thesenartige Zusammenfassung

- Kinder und Jugendliche nutzen den öffentlichen Raum stärker als Erwachsene
- Kinderwege sind Spielwege
- Lage und Entfernung der Spielorte sind eher von untergeordneter Bedeutung. Sind die Orte attraktiv, werden durchaus große Entfernungen zurückgelegt.

- Wichtig sind die Wege zu den Spielorten, diese müssen stärker in den Fokus bei Planungen gerückt werden. Dabei geht es um eine Vernetzung auf attraktiven sicheren Fuß- und Radwegen.

- Die Bedeutung des öffentlichen Raumes und damit die Anforderungen an die Gestaltung sind differenziert nach Alter (Aktionsraum) zu betrachten. Das Wohnumfeld/Quartier hat Bedeutung für Vorschul- und Grundschulkinder, für ältere Kinder und Jugendliche sind darüber hinaus Orte mit stadtweiter Bedeutung (übergeordnete Spielorte, Innenstadt) wichtig.

- Kinder und Jugendliche sind wichtige Partner und sollten bei Planungen stärker beteiligt werden.

Literatur

BUNDESMINISTERIUM FÜR FAMILIE, SENIOREN, FRAUEN UND JUGEND (Hg.) (2001): Familien- und Kinderfreundlichkeits-Prüfung in den Kommunen: Erfahrungen und Konzepte, 2. Aufl., Stuttgart.

BUNDESMINISTERIUM FÜR VERKEHR, BAU- UND WOHNUNGSWESEN (BMVBW) (2002): Mobilität in Deutschland. Berlin. www.kontiv2002.de

DEGEN-ZIMMERMANN, Dorothee, (1995): Mütter und Kinder in der Stadt. In: Wirtschaftsministerium Baden-Württemberg (Hg.): "Frauen in der Stadt". Stuttgart.

DEUTSCHE SHELL (Hg.) (2002): Jugend 2002 – Zwischen pragmatischem Idealismus und robustem Materialismus. S. Fischer Verlag. Frankfurt.

FLADE, A. (1993): Psychologische und soziale Effekte mangelnder Verkehrssicherheit von Kindern in Wohngebieten. Darmstadt.

FLADE, A. / HACKE, U. / LOHMANN, G. (2003). Pragmatische Kindheit und das Verschwinden des Geschlechtsunterschieds. In: Deutsche Sporthochschule Köln (Hg.). Kinder auf der Straße. Bewegung zwischen Begeisterung und Bedrohung. Brennpunkte der Sportwissenschaft 26. Köln.

FUNK, W. / FASSMANN, H. et al. (2002): Beteiligung, Verhalten und Sicherheit von Kindern und Jugendlichen im Straßenverkehr. Berichte der Bundesanstalt für Straßenwesen, Mensch und Sicherheit, Heft M 138, Bergisch Gladbach.

FUNK, W. / WASILEWSKI, R. / EILENBERGER, A. / ZIMMERMANN, R. (2004): Kinder im Straßenverkehr. Wandel der Sozialisationsbedingungen und der Verkehrssicherheitsarbeit für Kinder. Bundesanstalt für Straßenwesen. Mensch und Sicherheit, Band 164, Bergisch-Gladbach.

HELLMANN, M. / BORCHERS, A. (2002): Familien- und Kinderfreundlichkeit – Prüfverfahren – Beteiligung – Verwaltungshandeln – Ein Praxisbuch für Kommunen. Schriftenreihe des Bundesministeriums für Familie, Senioren, Frauen und Jugend (Hg.), Band 221. W. Kohlhammer GmbH, Stuttgart.

HÜTTENMOSER, M. (2003): Bewegungsförderung statt Verkehrserziehung? In: VERKEHRSZEICHEN 1/2003 S. 26 bis 31.

INSTITUT FÜR LANDES- UND STADTENTWICKLUNGSFORSCHUNG DES LANDES NORDRHEIN-WESTFALEN, ILS (Hg.) (2000): U.Move: Jugend und Mobilität. Mobilitätsstilforschung zur Entwicklung zielgruppenspezifischer intermodaler Mobilitätsdienstleistungen für Jugendliche. Heft 150, Dortmund.

KRAUSE, J. / SCHÖMANN, M. (1999): Bestimmung des Einflusses von Stadtgebietstypen auf die unabhängige Mobilität von Kindern und die Ausdehnung ihrer Lebensräume. Schriftenreihe der Bundesanstalt für Straßenwesen, Reihe Mensch und Sicherheit M 108. Bergisch Gladbach.

KRAUSE, J. / BECKMANN, K.-J. / ERKE, H. / KETTLER, D. et al. (2005): Mobilitätsbedürfnisse von Kindern und Jugendlichen im Straßenverkehrs- und Baurecht. Vorläufiger Schlussbericht zum FE-Vorhaben 77.465/2002. Braunschweig/Aachen.

LIMBOURG, M. (1995): Kinder im Straßenverkehr. Gemeindeunfallversicherungsverband (GUVV) Westfalen-Lippe (Hg.). Münster.

LIMBOURG, M. (1997): Kind und Verkehr – alles verkehrt? Kindspezifische Mechanismen und Verhaltensmuster als Auslöser für Unfälle im Verkehr. Bericht über die 3. Saarländische Ökopädiatrie-Tagung "Wohin geht die Fahrt? Saarbrücken.

LOEWENFELD, M. (2001): Auch Kinder haben Rechte – Ökologische Kinderrechte und ihre Umsetzung. Vortrag auf der Fachtagung des PPF im ADFC-Bayern (08./09.05.2001) in München. Veröffentlicht (als download www.adfc.bayern.de) vom 16.3.03

TULLY, C.J. (2002): Jung sein, mobil sein – Die Beherrschung des Raums ist notwendig für eine eigenständige Lebensführung. In: Frankfurter Rundschau von 31.12.2002(1995): Straßen für Kinder. Reihe Wissenschaft und Verkehr Nr.1/1995. Verkehrsclub Österreich (Hg.), Linz.

WITTENBERG, R. et al. (1987): Straßenverkehrsbeteiligung von Kindern und Jugendlichen. Bundesanstalt für Straßenwesen, Bereich Unfallforschung. Bericht zum Forschungsprojekt 8303/4. Bergisch Gladbach.

Hansjörg Küster

Mobilität aus ökologischer Sicht

Einleitung

Der Wunsch der Menschen nach Mobilität führt heute zu Belastungen der Umwelt; man denke nur an die erhebliche Zunahme der Verkehrsdichte auf den Autobahnen, den Massentourismus im Billigflieger oder die langen Strecken, die Lebensmittel und ihre Verpackungen auf ihren Wegen von den Orten der Produktion zu den Konsumenten zurücklegen. Doch eigentlich war und ist Mobilität ursprünglich eine wichtige Voraussetzung nicht nur für die beständige Existenz von menschlichen Gemeinschaften, sondern sogar – viel allgemeiner – auch für das Überleben zahlreicher Tierarten.

Mobilität bei Tieren

Auf dem Land lebende Pflanzen finden alle Substanzen, die sie zum Leben brauchen, an ihrem Wuchsort. Dort nehmen sie Wasser und Mineralstoffe auf. Grüne Pflanzen stellen über die Photosynthese aus niedermolekularen Stoffen organische Substanz her. Stehen alle Stoffe am Standort zur Verfügung, lebt die Pflanze. Mangelt es an einer Substanz, verkümmert das Gewächs oder geht ein (hierzu und zu den folgenden Aspekten von Nahrungsketten: Küster 2005). Wassermangel kann Pflanzen verdorren lassen. Landpflanzen wandeln den größten Teil der organischen Substanz, die sie mit Hilfe der Photosynthese aufbauen, in Zellulose um; Zellwände bestehen aus Zellulosefibrillen, die dem pflanzlichen Organismus Stabilität verleihen und zwischen denen Wasser mit den darin gelösten Mineralstoffen transportiert werden.

Pflanzen fressende Tiere sind vom Entwicklungszustand der Gewächse in ihrem Umfeld abhängig. Sie können nur dann überdauern, wenn Pflanzen emporgewachsen sind. Tiere können keine Zellulose zerlegen; dazu sind ausschließlich Mikroorganismen in der Lage. Einige Tiere fressen sehr große Mengen an Pflanzen und scheiden den größten Teil der pflanzlichen Substanz, der aus unverdaulicher Zellulose besteht, wieder aus. Andere Tiere leben in einer Lebensgemeinschaft mit Mikroorganismen, die Zellulose zerlegen, beispielsweise Rinder: Sie rupfen Gras ab und „füttern" damit „ihre" Bakterien; die Bakterien ernähren sich von der Zellulose und vermehren sich sehr rasch. Anschließend können die Rinder den Bakterienbrei wiederkäuen. Er – und nicht etwa Gras und Kräuter, wie sie auf der Viehweide stehen – ist für sie nahrhaft. Andere Tiere sind auf Nahrung angewiesen, die aus pflanzlicher Substanz mit geringen Zelluloseanteilen besteht. Früchte und Samen vieler Gewächse sind arm an Zellulose, auch Speicherwurzeln, Sprossknollen wie die Kartoffel, junge Trieb- und Blattspitzen oder Blütenstaub. Diese Pflanzenteile, in denen nahrhafte Stärke, Eiweiß oder Fett vorhanden sind, stehen nicht das ganze Jahr über zur Verfügung, vor allem in Erdgegenden, in denen es Jahreszeiten gibt. Die Pflanzen fressenden Tiere müssen daher im Jahreslauf immer wieder andere Gewächse, andere Standorte, sogar häufig andere geographische Breiten aufsuchen, um sich beständig ernähren zu können. Viele wandernde Tierarten, darunter die Zugvögel, legen ihre weiten Reisen nicht deswegen zurück, weil sie Kälte oder Trockenheit unmittelbar dazu zwingen, sondern weil die Nahrung an den jeweiligen Aufenthaltsorten nicht das ganze Jahr über zur Verfügung steht.

Fleisch fressende Tiere halten sich vor allem dort auf, wo sich ihre Beute entwickelt oder eingefunden hat; auch viele dieser Tiere müssen wandern, weil ihre Beute mobil ist oder weil sich die Beutetiere nur zu bestimmten Zeiten entwickeln. Störche finden in Mitteleuropa nur dann ein Auskommen, wenn Frösche, Insekten und andere Kleintiere im Boden aktiv sind; im Winter könnte sich ein Weißstorch in Mitteleuropa nicht ernähren.

Jäger und Sammler

Menschen, die primär von der Jagd auf Tiere oder dem Sammeln von Pflanzenteilen leben, müssen ebenso mobil sein wie Fleisch fressende Tiere. Viele ihrer Beutetiere legen weite Wanderungen zurück (zum Beispiel Rentiere); und viele Pflanzenteile, die gesammelt werden können, sind nur zu bestimmten Jahreszeiten aufzufinden, beispielsweise die Fruchtkörper von Pilzen, Früchte und Speicherwurzeln. Sieht man einmal von den letzten wenigen Jahrtausenden ab, ist Homo sapiens stets eine mobile Spezies gewesen, deren Existenz vom Sammeln und Erbeuten von Nahrungsmitteln abhing.

Eine erste Form von Sesshaftigkeit erreichten Gruppen von Fischern nach dem Ende der letzten Eiszeit. Sie fanden an bestimmten Orten, an Meeresküsten sowie den Ufern von Flüssen und Seen, stets Lebewesen, von denen sie sich ernähren konnten. An den Gewässern kamen auch immer wieder viele Vögel zusammen, auf die sich Jagd machen ließ. Allerdings entwickeln sich auch viele Fische in Abhängigkeit von den Jahreszeiten, und es gibt Perioden, in denen zahlreiche Vögel auf Seen zu finden sind, und andere, in denen nur wenige erbeutet werden können.

Die Subsistenzwirtschaft als frühe Form von Sesshaftigkeit

Menschen konnten sich fester an einen Wohn- oder Lebensort binden, als sie dazu übergingen, nicht nur Pflanzenteile zu sammeln, sondern auch Kulturpflanzen anzubauen. Zugleich begannen sie mit der Tierhaltung, so dass tierische Produkte (vor allem Milch und Milchprodukte) täglich zur Verfügung standen und gelegentlich auch Fleisch gegessen werden konnte. Die Einführung der Landwirtschaft stand vielerorts in Verbindung mit dem Beginn einer sesshaften Lebensweise. Pflanzen auf einem Acker mussten über längere Zeit hinweg bewacht werden; außerdem waren im Jahreslauf immer wieder andere Arbeiten auf dem Feld notwendig: Bodenbearbeitung, Aussaat, Bekämpfung von Unkraut, Ernte.

Die Wirtschafts- und Lebensformen von Landwirtschaft entwickelten sich in den letzten zehn Jahrtausenden offensichtlich unabhängig voneinander an mehreren Orten der Welt, unter anderem in den Bergländern Westasiens (Zohary und Hopf 1988), in Südostasien sowie in Mittel- und im nördlichen Südamerika (allgemein: Schwanitz 1957). In diesen Gegenden waren die Pflanzen und Tiere einheimisch, die man zu Kulturpflanzen und Haustieren machen konnte. Und dort waren auch alle anderen Voraussetzungen für ein dauerhaftes Leben von Menschen gegeben. Die Böden waren für den Anbau von Kulturpflanzen geeignet, es gab Holz zum Bauen, zum Unterhalt des Feuers für die Nahrungszubereitung und gelegentlich zum Heizen. Es konnte sich eine Subsistenzwirtschaft entwickeln, die unabhängig von anderen Menschengruppen existieren konnte; sie war nicht auf eine Versorgung von außen angewiesen.

Die Sesshaftigkeit und die dauerhafte Verfügbarkeit von Nahrungsmitteln waren sehr günstige Voraussetzungen für die Entwicklung menschlicher Populationen (Blanckenburg 1986, Deevey 1960). Die Sterblichkeit war geringer als in einer Gemeinschaft von Menschen, die auf das Jagdglück vertrauten oder Pflanzenteile sammelten. Es war leicht zu erkennen, dass landwirtschaftlich tätige Menschengruppen erfolgreicher wirtschafteten und daher überlegen waren. Ganz offensichtlich aus diesem Grund breitete sich die neu entwickelte Lebensform in den folgenden Jahrtausenden über weite Teile der Welt aus. Allerdings musste dabei die Landschaft weiter Landstriche umgestaltet werden: In Trockengebieten musste für eine künstliche Bewässerung gesorgt werden (Helbaek 1960). Sie wurde beispielsweise an Euphrat und Tigris, Indus und Nil etabliert. In Waldregionen musste gerodet werden; das war vor allem in weiten Teilen Europas und in Tropischen Regenwäldern eine Voraussetzung für die Einführung von Landwirtschaft.

Stabile Siedlungen in Staaten

Diese Unternehmen waren erfolgreich. Subsistenzwirtschaften ließen sich allerdings in diesen Regionen nicht völlig auf Dauer etablieren. Denn in den bewässerten Regionen waren umfassende Regulierungen der Flussläufe und eine genau abgestimmte Verteilung von Wasser erforderlich, die entlang eines gesamten Flusses organisiert werden musste, damit das Wasser gerecht verteilt wurde und es nicht zu einer Bodenversalzung kam. Diese aufwändigen Regulierungen erforderten den Aufbau einer Verwaltung, führten zur Verwendung der Schrift und ließen schließlich frühe Staaten entstehen (Wittfogel 1962, Herzog

1998), in denen nicht mehr nur eine Subsistenzwirtschaft kleiner und voneinander unabhängiger Menschengruppen bestand. In diesen Staaten kam es bald zu einem Mangel an lebensnotwendigen Verbrauchsgütern, vor allem an Holz. Es musste von außen her zugeliefert werden; die menschlichen Gemeinschaften und die Staaten, die sie bildeten, konnten nur dann beständig bestehen, wenn Güter mobil waren.

Frühe Landwirtschaft in Waldgebieten

In den meisten Gebieten Europas gab es stets genug Wasser, so dass eine künstliche Bewässerung und daher auch deren Organisation nicht erforderlich waren. Staatliche Verwaltungen wurden dort jahrtausendelang nicht etabliert. In den winterkalten Regionen Europas wurde aber viel Holz gebraucht, um Behausungen zu errichten und Brennholz zu gewinnen. Nach einigen Jahrzehnten des Bestehens einer Siedlung mit agrarisch tätiger Bevölkerung mangelte es an Holz; dies mag eine der wichtigsten Ursachen dafür gewesen sein, warum Siedelplätze nach einigen Jahrzehnten oder allenfalls wenigen Jahrhunderten wieder aufgegeben wurden. Sie wurden an anderer Stelle neu gegründet, wo es noch genug Holz gab (Küster 2003b). Diese Siedlungen waren aber immer noch Subsistenzwirtschaften: So gut wie alle erforderlichen Güter wurden an Ort und Stelle gefunden oder produziert. Die Gruppen konnten weithin unabhängig voneinander existieren.

In den Tropischen Regenwäldern bestanden die Siedlungen mit agrarisch tätiger Bevölkerung für noch kürzere Zeit. In tropischen Waldökosystemen sind die zum Pflanzenwachstum notwendigen Mineralstoffe in den Gewächsen gespeichert, im Boden aber nur in geringer Menge verfügbar. Nach der Rodung von Wald macht sich auf vielen agrarisch genutzten Flächen bald ein Mineralstoffmangel bemerkbar; auch er führt dazu, dass Siedlungen und Ackerflächen nach wenigen Jahren der Nutzung aufgegeben werden. Diese „shifting cultivation" ist noch heute bei traditionell lebenden Bevölkerungsgruppen in den Tropen zu beobachten. Die ähnlichen Lebensformen in Europa, bei denen offensichtlich Holzmangel zur Verlagerung von Siedlungen führte, sind mit der tropischen „shifting cultivation" verglichen worden. Sie sind schon seit Jahrhunderten oder gar Jahrtausenden durch andere Lebensweisen ersetzt worden; sie bestehen heute nicht mehr.

Das Nebeneinander von verschiedenen Lebensweisen

Auf der Welt entwickelten sich nun also neben Menschengruppen, die weiterhin von Jagd, Sammeln von Pflanzenteilen und Fischfang lebten, andere Gemeinschaften, die Siedlungen für einige Jahrzehnte oder allenfalls Jahrhunderte bewohnten, und wieder andere, die mehr oder weniger feste Staatsgebilde besiedelten. Die zuerst genannten Gruppen mussten mobil sein; die zuletzt genannten brauchten einen Warenaustausch, um ihre Siedlungen dauerhaft bewohnen zu können. Unabhängig von der Außenwelt lebten dagegen die bäuerlichen Gruppen in den Herkunftsgebieten von Kulturpflanzen und Haustieren sowie in den ehemaligen Waldgebieten. Vor allem letztere fanden in der Umgebung ihrer Siedelplätze nicht völlig dauerhaft alle Dinge des täglichen Bedarfs, so dass sie sich veranlasst gesehen haben mögen, ihre Siedlungen nach einiger Zeit wieder aufzugeben.

Weitere Lebensformen entwickelten sich unter mobilen Tierhaltern in den Trockengebieten der Erde. Ihre Lebensweise hat mit derjenigen von Jägern und Sammlern nur die Mobilität gemeinsam, ist aber ansonsten von ihr grundsätzlich zu unterscheiden: Sie sind keine Jäger, sondern Haustierhalter. Es gibt transhumante Gruppen, die – meist in Kontakt zu Ackerbauern – immer wieder auf den gleichen Routen unterwegs sind, beispielsweise zwischen Ebene und Gebirge oder zwischen feuchteren, kühleren und trockeneren, wärmeren Regionen. Anders ist die Lebensweise von Nomaden: Sie sind besonders mobil und begeben sich – meist auf schnellen Reittieren – mit ihren Viehherden an diejenigen Orte, an denen sporadisch Regen gefallen ist und wo sich deshalb für einige Tage oder Wochen üppiges Grün entwickelt, dann aber wieder verdorrt, so dass rasch wieder ein anderer Weidegrund aufgesucht werden muss, der möglicherweise weit entfernt liegt.

Die Ausbreitung von staatlichen Strukturen

Im Nebeneinander der verschiedenen Lebensformen übernahmen die Staaten eine Vorreiterrolle, denn in ihnen konnte sich eine Hochkultur mit schriftlicher Tradition entwickeln. Ihre immer fester gefügten Regeln waren anderen Lebensformen vielerorts letztlich überlegen, und es kam nach der Ausbreitung von Landwirtschaft über die Erde zur Ausbreitung des Lebens in festen Staaten.

Feste Staaten konnten aber nur dort etabliert werden, wo Mangelsituationen (nach Missernten, bei Mineralstoffmangel, bei Holzmangel etc.) durch Mobilität von Gütern überbrückt werden konnten. Verwaltungen mussten dafür Sorge tragen, dass die Mobilität von Gütern gewährleistet war. Es wurden feste Straßen für Handelsgüter gebaut, und es waren außerdem Anlagen zur Sicherung der Verkehrswege erforderlich, z.B. Burgen (Küster 1999). Die Hochkultur, die sich in den Staaten ausbildete, erforderte die Lieferung weiterer Güter, vor allem solcher, die in den frühesten Staaten fast wie selbstverständlich zur Verfügung standen, nicht aber in den später etablierten. Dazu gehörten Wein, Früchte, Salz und Gewürze, mit denen verderbliche Nahrung haltbarer gemacht wurde (Küster 2003a), Seide, Edelsteine, Erze und metallene Gegenstände, besondere Arten von Hölzern und zahlreiche weitere so genannte Luxusgüter. Auf den Wegen des Transports von Luxusgütern etablierte sich im Lauf von Jahrhunderten oder gar Jahrtausenden die heutige Weltwirtschaft.

Zunahme der Mobilität

In den von hoher Kultur bestimmten Staaten nahm nicht nur die Mobilität der Güter, sondern auch die Mobilität der Menschen zu. Dafür gibt es mehrere Ursachen. Zum einen weckte die Verteilung von Gütern auf der Erde die Neugier, deren Herkunfts- oder Absatzregionen aufzusuchen. Häufig war es sogar notwendig, zur Regulierung von Handelsbeziehungen in die Herkunfts- oder Absatzgebiete von Gütern zu reisen. Zum anderen mag die alte genetische Disposition von Homo sapiens wieder hervorgetreten sein: Bis zur Einführung von Landwirtschaft waren Menschen stets mobil gewesen, und sie empfinden daher ein Angebundensein an einen Ort als Zwang, als lästiges Einerlei des Alltags, dem sie von Zeit zu Zeit entkommen wollen. Dies kann ein Grund für die ökologisch eigentlich unsinnige Eigenart der Menschen sein, Urlaub an einem anderen Ort zu machen. Eine Notwendigkeit besteht dafür nicht, aber immer wieder kommt der Wunsch auf, dem eintönigen Alltag zu entfliehen.

Verkehr und Mobilität, Handel und wirtschaftliche Beziehungen haben viele Ursachen, die sich alle ökologisch begründen lassen. Mobilität ist entweder notwendig, weil Menschen ohne sie nicht dauerhaft existieren können oder glauben, existieren zu können, oder sie ergibt sich aus Dispositionen menschlichen Verhaltens, die sich in früheren Epochen entwickelten, die aber doch nur einige Generationen zurückliegen.

Literatur

Blanckenburg, P.v. (1986): Welternährung. Gegenwartsprobleme und Strategien für die Zukunft. München.

Deevey, E.S. (1960): The Human Population. Scientific American 203(3), 195-204.

Helbaek, H. (1960): Ecological Effects of Irrigation in Ancient Mesopotamia. Iraq 22, 186-196.

Herzog, R. (1998): Staaten der Frühzeit. Ursprünge und Herrschaftsformen. 2. Auflage. München.

Küster, H. (1999): Geschichte der Landschaft in Mitteleuropa. Von der Eiszeit bis zur Gegenwart. 3. Auflage. München.

Küster, H. (2003a): Kleine Kulturgeschichte der Gewürze. Ein Lexikon von Anis bis Zimt. 2. Auflage. München.

Küster, H. (2003b): Geschichte des Waldes. Von der Urzeit bis zur Gegenwart. 2. Auflage. München.

Küster, H. (2005): Das ist Ökologie. Die biologischen Grundlagen unserer Existenz. München.

Schwanitz, F. (1957): Die Entstehung der Kulturpflanzen. Berlin, Göttingen, Heidelberg.

Wittfogel, K.A. (1962): Die orientalische Despotie. Eine vergleichende Untersuchung totaler Macht. Köln 1962.

Zohary, D., & M. Hopf (1988): Domestication of Plants in the Old World. The Origin and Spread of Cultivated Plants in West Asia, Europe, and the Nile Valley. Oxford.

Stadt und Region als Handlungsfeld

Herausgegeben vom
Kompetenzzentrum für Raumforschung und Regionalentwicklung in der Region Hannover

Band 1   Barbara Zibell (Hrsg.): Zur Zukunft des Raumes. Perspektiven für Stadt – Region – Kultur – Landschaft. 2003.

Band 2   Marion Cools / Dietrich Fürst / Holger Gnest: Parametrische Steuerung. Operationalisierte Zielvorgaben als neuer Steuerungsmodus in der Raumplanung. 2003.

Band 3   Dietmar Scholich (Hrsg.): Integrative und sektorale Aspekte der Stadtregion als System. 2004.

Band 4   Heiko Geiling (Hrsg.): Soziale Integration als Herausforderung für kommunale und regionale Akteure. 2005.

Band 5   Hansjörg Küster (Hrsg.): Kulturlandschaften. Analyse und Planung. 2008.

Band 6   Bernhard Friedrich (Hrsg.): Bewegung im Raum – Raum in Bewegung. Sommervorlesung an der Universität Hannover 2006. 2009.

www.peterlang.de